ABHANDLUNGEN DER DEUTSCHEN AKADEMIE
DER WISSENSCHAFTEN ZU BERLIN

Klasse für Mathematik und allgemeine Naturwissenschaften
Jahrgang 1954 Heft 2

HANS PETERSSON

ÜBER MODULFUNKTIONEN UND PARTITIONENPROBLEME

1954

AKADEMIE-VERLAG · BERLIN

Vorgelegt in der Gesamtsitzung vom 11. März 1954
Zum Druck genehmigt am gleichen Tage, ausgegeben am 29. November 1954

Erschienen im Akademie-Verlag GmbH., Berlin W 8, Mohrenstraße 39
Veröffentlicht unter der Lizenznummer 1218
des Amtes für Literatur und Verlagswesen der Deutschen Demokratischen Republik
Satz und Druck: VEB Druckerei der Werktätigen, Halle (Saale) C 1, Kleiner Berlin 1a
Bestell- und Verlagsnummer 2001/54/I/2
Preis: DM 7,—
Printed in Germany

Einleitung

Im folgenden wird ein System von Partitionenproblemen untersucht, dessen Spezialfälle zu den nächstliegenden Verallgemeinerungen des klassischen Partitionenproblems gehören. Als Methode dient nicht die Farey dissection, sondern ein systematisches Verfahren, das die Beziehungen der Partitionenanzahlen zu Modulfunktionen benutzt, mit den Schlußweisen der algebraischen Funktionentheorie operiert und so das Verschwinden des Fehlergliedes verständlich macht. Die Resultate sind sämtlich vom Charakter der Rademacherschen Partitionenformel. Als Anwendungen ergeben sich unerwartete Zusammenhänge zwischen dem asymptotischen Verhalten von Partitionenanzahlen und den Klassenzahlen reeller absolut-abelscher Zahlkörper, sowie neue Sätze über den Effekt der Tilgung einzelner Summanden in einem Partitionenproblem.

INHALTSVERZEICHNIS

1. Übersicht über eine Klasse von Partitionenproblemen

Probleme der additiven Zahlentheorie, bei denen die Anzahl der Summanden nicht von vornherein beschränkt wird, bezeichnen wir im folgenden als Partitionenprobleme. Wir diskutieren hier eine Reihe naheliegender Verallgemeinerungen und Modifikationen des klassischen Partitionenproblems; sie entstehen aus diesem nach gewissen Prinzipien, die wir zunächst formulieren.

a. Kombinatorische Iteration („Färbung"). Es sei eine vollständige und disjunktive Zerlegung $\mathfrak{Z}$ der Menge $\mathfrak{N}$ der natürlichen Zahlen in die h Systeme oder Klassen $\mathfrak{S}_1, \mathfrak{S}_2, \cdots, \mathfrak{S}_h$ gegeben und jedem $g = 1,2, \cdots, h$ eine ganze Zahl $k_g \geqq 0$ zugeordnet; $K = \sum_{g=1}^{h} k_g$ sei > 0. Man denke sich $\mathfrak{S}_g$ für $k_g > 0$ in k_g verschiedenen Farben realisiert und betrachte die Partitionen der natürlichen Zahl n mit der Maßgabe, daß jeder Summand, der etwa $\mathfrak{S}_g$ angehöre, in irgendwelchen der für $\mathfrak{S}_g$ vorbestimmten k_g Farben erscheint; $k_g = 0$ bedeutet, daß keine Summanden von $\mathfrak{S}_g$ zugelassen sind. Zwei Partitionen von n gelten als gleich, wenn in beiden die gleichen Summanden auftreten, wenn ferner jeder dieser Summanden in beiden in den gleichen (für das ihn enthaltende System $\mathfrak{S}_g$ vorgeschriebenen) Farben und in jeder von diesen gleich oft erscheint. — Wir sprechen von $\mathfrak{S}_g$ als von einer Klasse des betreffenden Partitionenproblems, wenn $k_g > 0$ ist.

Schreibt man die einzelne Partition (numerisch) in der Gestalt

$$n = \sum_{m=1}^{n} m\, \nu_m \text{ mit ganzen } \nu_m \geqq 0, \tag{1.1}$$

so läßt sich die oben definierte Partitionenanzahl durch

$$p_n(\mathfrak{Z}, \mathfrak{k}) = \sum_{\mathfrak{B}_n} \prod_{m=1}^{n} \binom{\nu_m + k_g - 1}{\nu_m} \tag{1.2}$$

ausdrücken, wo $\mathfrak{Z}$ die genannte Zerlegung, $\mathfrak{k}$ das System der Farbenanzahlen k_g und $\mathfrak{B}_n$ die Summationsbedingungen (1.1) symbolisiert; im innen stehenden Produkt ist dabei k_g durch m vermöge $m \subset \mathfrak{S}_g$ bestimmt. Mit $p_0(\mathfrak{Z}, \mathfrak{k}) = 1$ gilt

$$\sum_{n=0}^{\infty} p_n(\mathfrak{Z}, \mathfrak{k})\, u^n = \prod_{g=1}^{h} \prod_{m \subset \mathfrak{S}_g} (1 - u^m)^{-k_g} \qquad (|u| < 1).$$

Das einfachste Beispiel für Bildungen dieser Art liefert die Zerlegung $\mathfrak{N} = \mathfrak{N}$ $(h = 1)$ mit der Farbenanzahl $k_1 = k = 1, 2, \cdots$; für $k = 1$ ergibt sich die klassische Partitionenfunktion. In der Gestalt (1.2) gestattet das obige allgemeine Partitionenproblem auch für reelle $k_g \geqq 0$ eine sinnvolle Interpretation.

b. Arithmetische Bedingungen für die Summanden. Das klassische Partitionenproblem ist mehrfach dahin analogisiert worden, daß man den Summanden Kongruenzbedingungen auferlegt hat [1]. Allem Anschein nach führen diese Probleme nur dann auf Modulfunktionen, wenn das System der zugelassenen Restklassen $m \equiv a \bmod N$ mit dem System der Restklassen $m \equiv -a \bmod N$ übereinstimmt. In Verbindung mit *a.* ergibt sich unter dieser Einschränkung und wenn nur endlich viele Moduln in Betracht kommen, als allgemeinste Aufgabe die folgende: Es sei N eine feste ganze Zahl > 1. Jedem ganzen a mit $0 \leqq 2a \leqq N$ ist erstens als System $\mathfrak{S}_{a+1} = \mathfrak{S}(a)$ die Menge der natürlichen m zugeordnet, welche $\equiv +a$ oder $\equiv -a \bmod N$ sind; zweitens ein ganzes $k_{a+1} = k(a) \geqq 0$, wobei $K = \sum_{0 \leqq 2a \leqq N} k(a) > 0$.

Es wird sich zeigen, daß dieses Problem auf Modulformen der Dimension $\frac{1}{2} k(0) \geq 0$ führt. Da wir hier den (methodisch schwierigeren) Fall behandeln wollen, der auf multiplikative Modulfunktionen (Dimension 0) führt, werden wir später $k(0) = 0$ voraussetzen. Unter den Resultaten sind diejenigen hervorzuheben, welche sich durch Zusammenfassung gewisser Restklassen-Paare, d. h. bei Übereinstimmung der zugehörigen $k(a)$, ergeben. Ein instruktives Beispiel bietet — besonders im Falle N = Primzahl — das Zwei-Klassen-Problem, das die additive Zerlegung natürlicher Zahlen in zu N teilerfremde Summanden mit folgender Maßgabe betrifft: $N = D$ ist die Diskriminante eines (reell-)quadratischen Zahlkörpers K; die beiden Klassen $\mathfrak{S}^+$ und $\mathfrak{S}^-$ sind durch $\left(\frac{D}{m}\right) = +1$ (m in $\mathfrak{S}^+$) und $\left(\frac{D}{m}\right) = -1$ (m in $\mathfrak{S}^-$) erklärt. Bezeichnet man mit $\pi_n^+(k, N)$ bzw. $\pi_n^-(k, N)$ die entsprechenden Partitionenanzahlen, wenn im ersten Falle $\mathfrak{S}^+$ in k Farben und $\mathfrak{S}^-$ nicht, im zweiten Falle $\mathfrak{S}^-$ in k Farben und $\mathfrak{S}^+$ nicht auftreten, so enthält das Hauptglied der asymptotischen Entwicklung von $\pi_n^{\pm}(k, N)$ neben trivialen konstanten Faktoren den konstanten Faktor $\varepsilon^{\pm\frac{1}{2}kh}$, wo $\varepsilon > 1$ die Grundeinheit, h die Klassenzahl von K angibt, und es gilt

$$\lim_{n\to\infty} \frac{\pi_n^+(k, N)}{\pi_n^-(k, N)} = \varepsilon^{kh}. \tag{1.3}$$

c. Häufigkeits-Beschränkung für die Summanden. Man erhält diese in der einfachsten Gestalt, indem man die Anzahl $p_n[N]$ der Partitionen (1.1) mit $\nu_m \leq N-1$ bestimmt (N wie oben, $p_0[N] = 1$). Die erzeugende Potenzreihe der $p_n[N]$ läßt in der Darstellung

$$\prod_{m=1}^{\infty} (1 + u^m + u^{2m} + \cdots + u^{(N-1)m}) = \prod_{\substack{m=1 \\ m \not\equiv 0\ (N)}}^{\infty} (1 - u^m)^{-1} \qquad (|u| < 1) \tag{1.4}$$

erkennen, daß $p_n[N]$ mit der Anzahl der Partitionen von n übereinstimmt, deren Summanden sämtlich nicht durch N teilbar sind. Eine entsprechende Modifikation des Problemtypus *a.* entsteht aus *a.* durch die zusätzliche Bedingung: $\nu_m \leq l_g - 1$ für m in $\mathfrak{S}_g$, wo die l_g $(1 \leq g \leq h)$ feste ganze Zahlen ≥ 2 bezeichnen. Sie bedeutet über *a.* hinaus lediglich, daß ein Summand aus $\mathfrak{S}_g$ in jeder seiner Farben höchstens $(l_g - 1)$-mal auftreten darf. Die so bestimmte Partitionenfunktion $p_n(\mathfrak{Z}, \mathfrak{k}, \mathfrak{l})$ besitzt, wenn wieder $p_0(\mathfrak{Z}, \mathfrak{k}, \mathfrak{l}) = 1$ gesetzt wird, die erzeugende Potenzreihe

$$\sum_{n=0}^{\infty} p_n(\mathfrak{Z}, \mathfrak{k}, \mathfrak{l})\, u^n = \prod_{g=1}^{h} \prod_{m \subset \mathfrak{S}_g} \left(1 + u^m + u^{2m} + \cdots + u^{(l_g - 1)m}\right)^{k_g} \qquad (|u| < 1). \tag{1.5}$$

Man gewinnt einen bereits sehr allgemeinen Problemtypus durch Kombination von *a.* mit *c.* wie folgt: Jedem $g = 1, 2, \cdots, h$ möge ein ganzes $k_{g0} \geq 0$ und mögen ganze $k_{g\nu} \geq 1$, $l_{g\nu} \geq 2$ für $1 \leq \nu \leq f_g$ $(f_g \geq 0)$ entsprechen. Jedes $\mathfrak{S}_g$ sei wieder in $k_g = \sum_{0 \leq \nu \leq f_g} k_{g\nu}$ verschiedenen (monochromatischen) Farben realisiert, die man sich nach wachsenden Frequenzen geordnet vorstelle, und es gelte auch $K = \sum_{g=1}^{h} k_g > 0$. Ein Summand aus $\mathfrak{S}_g$ darf in den ersten k_{g0} Farben beliebig oft, in den folgenden k_{g1} Farben höchstens $(l_{g1} - 1)$-mal, in den darauf folgenden k_{g2} Farben höchstens $(l_{g2} - 1)$-mal usw. auftreten (der zweite Index wächst bis f_g). Bezeichnet $p_n(\mathfrak{Z}, \mathfrak{K}, \mathfrak{L})$ die so bestimmte Partitionenanzahl, so gilt mit $p_0(\mathfrak{Z}, \mathfrak{K}, \mathfrak{L}) = 1$:

$$\sum_{n=0}^{\infty} p_n(\mathfrak{Z}, \mathfrak{K}, \mathfrak{L})\, u^n = \prod_{g=1}^{h} \prod_{m \subset \mathfrak{S}_g} \left\{ (1 - u^m)^{-k_{g0}} \prod_{i=1}^{f_g} \left(1 + u^m + u^{2m} + \cdots + u^{(l_{gi} - 1)m}\right)^{k_{gi}} \right\} \qquad (|u| < 1). \tag{1.6}$$

Dadurch, daß man die $\mathfrak{S}_g$ mit den unter *b.* genannten Restklassenpaaren $\mathfrak{S}(a)$ mod N $\left(0 \leqq a \leqq \frac{N}{2}\right)$ identifiziert, gelangt man zu einem konkreten Partitionenproblem mit arithmetischen Bedingungen. Es ist bemerkenswert, daß so allgemeine Probleme die Leistungsfähigkeit der hier zu entwickelnden analytischen Methoden nicht übersteigen und daß diese zu übersichtlichen Ergebnissen führen, die ihrerseits für weitere Anwendungen nutzbar gemacht werden können. Die interessantesten Anwendungen betreffen Zusammenhänge von der oben bei (1.3) genannten Art. Als Gegenstück zu (1.3) ergibt sich z. B.: Bildet man die Anzahlen $\pi_n^{\pm}(k, N)$ unter der Einschränkung, daß jeder Summand höchstens $(l-1)$-mal auftreten darf, und nennt die so entstehenden Anzahlen $\pi_n^{\pm}(k, l, N)$, so enthalten die Hauptglieder dieser $\pi_n^{\pm}$ nur triviale konstante Faktoren, und es gilt

$$\lim_{n \to \infty} \frac{\pi_n^+(k, l, N)}{\pi_n^-(k, l, N)} = 1. \tag{1.7}$$

d. Oszillierende Gewichte. Die bisher formulierten Partitionenprobleme können (positiv-) definit genannt werden, weil die betreffenden Partitionenfunktionen für die entsprechend zerlegbaren n gemäß (1.2) als Summen über Partitionen mit positiven Summanden darstellbar sind. Eine Möglichkeit der Verallgemeinerung besteht darin, nun auch Summen über Partitionen mit reellen Summanden wechselnden Vorzeichens oder mit komplexen Summanden verschiedener Argumente zuzulassen. Hierzu ist zu sagen, daß Probleme dieser Art dem heutigen Verständnis noch nicht recht zugänglich sind. Man sieht dies bereits am Beispiel der Funktionen

$$\sum_{n=0}^{\infty} \varrho_n(k)\, u^n = \prod_{m=1}^{\infty} (1 - u^m)^k,$$

in denen k eine jeweils feste natürliche Zahl bezeichnet. Offenbar ist

$$\varrho_n(k) = \sum_{\mathfrak{p}_n(k)} (-1)^{\mu_n(k)}, \tag{1.8}$$

wo $\mathfrak{p}_n(k)$ die sämtlichen Partitionen von n in k Farben mit (in jeder Farbe) verschiedenen Summanden durchläuft (vgl. (1.5) mit $h = 1$, $l_1 = 2$) und $\mu_n(k)$ die (im Sinne von (1.1)) über alle m und alle Farben zu erstreckende $\sum \nu_m$ bezeichnet. Es ist bekannt, daß man — außer für die niedrigsten Werte von k — weder über die Größenordnung noch über die arithmetische Bedeutung der $\varrho_n(k)$ Befriedigendes weiß.

Darüber hinaus ist auf eine sehr merkwürdige Erscheinung hinzuweisen:

Setzt man

$$\sum_{n=0}^{\infty} \varrho_{0n}(k)\, u^n = \prod_{\substack{m=1 \\ m \equiv 0\,(2)}}^{\infty} (1 - u^m)^k, \qquad \sum_{n=0}^{\infty} \varrho_{1n}(k)\, u^n = \prod_{\substack{m=1 \\ m \equiv 1\,(2)}}^{\infty} (1 - u^m)^k,$$

so gestatten die $\varrho_{0n}(k)$, $\varrho_{1n}(k)$ je eine zu (1.8) analoge Deutung; der Unterschied besteht lediglich darin, daß nunmehr nur über die Partitionen mit geraden bzw. ungeraden Summanden m summiert wird. Bei festem k gilt für $n \to \infty$:

$$\varrho_{0n}(k) = O\left(n^{\frac{1}{2}k}\right),$$

während $\varrho_{1n}(k)$ einem Ausdruck von der Gestalt $(-1)^n\, \alpha\, n^{\beta}\, e^{\gamma \sqrt{n}}$ mit konstanten α, β, γ und positiven α, γ asymptotisch gleich ist.

Diese Tatsachen legen es nahe, vorzugsweise definite Partitionenprobleme zu betrachten.

2. Das funktionentheoretische Problem. Einiges über die Methoden und Ergebnisse

Die Ausdrucksweise, eine Partitionenfunktion p_n^* führe auf Modulfunktionen, bedeutet hier folgendes: Es gibt ein reelles ϑ und ein natürliches Q derart, daß

$$f(\tau) = \sum_{n=0}^{\infty} p_n^* e^{2\pi i (n+\vartheta)\frac{\tau}{Q}} \tag{2.1}$$

eine Modulform in der Variablen τ darstellt; diese gehört zu einer Untergruppe Γ_0 von endlichem Index der Modulgruppe Γ, einer reellen Dimension $-r$ und einem System von Multiplikatoren v des Betrages 1. Wir nennen solche Funktionen f Modulformen (der Klasse) $\{\Gamma_0, -r, v\}$ und schreiben $f \subset \{\Gamma_0, -r, v\}$. Die Definitionseigenschaften einer Modulform f der Klasse $\{\Gamma_0, -r, v\}$ verlangen erstens, daß f für alle $L = \begin{pmatrix}\alpha & \beta \\ \gamma & \delta\end{pmatrix}$ aus Γ_0 den Transformationsgleichungen

$$f(L\tau) = v(L)\,(\gamma\tau+\delta)^r f(\tau) \qquad \left(L\tau = \frac{\alpha\tau+\beta}{\gamma\tau+\delta}\right) \tag{2.2}$$

genüge; zweitens besitze f in allen Punkten eines Fundamentalbereiches von Γ_0, gemessen in den zugehörigen Ortsvariablen, endliche Ordnungen (es sei denn, daß f identisch verschwindet).

Bei allen definiten Partitionenproblemen, bei denen dies überhaupt zutrifft, hat sich gezeigt, daß Γ_0 eine Kongruenzgruppe, also durch endlich viele Kongruenzen für die α, β, γ, δ erklärbar und daß $-r$ eine nichtnegative reelle Zahl ist. Im übrigen ist für diese Tatsache der Wert von Q unerheblich, d. h. die Folge p_n^* bestimmt, wenn überhaupt, den Wert von Q nicht eindeutig, wohl aber natürlich ϑ bei gegebenem Q. Daß Γ_0 eine Kongruenzgruppe ist, bedeutet die Existenz eines natürlichen N_0 mit $\Gamma[N_0] \subset \Gamma_0 \subset \Gamma$; die Hauptkongruenzgruppe $\Gamma[N]$ besteht aus denjenigen L in Γ, welche $L \equiv \pm I \bmod N$ erfüllen $\left(I = \begin{pmatrix}1 & 0 \\ 0 & 1\end{pmatrix}\right)$. Wir nennen jedes N_0 mit dieser Eigenschaft eine Stufe von Γ_0.

Die Theorie der automorphen Formen von positiver Dimension $-r$ ist jetzt in einer solchen Allgemeinheit entwickelt [2], daß die Bestimmung der Fourier-Koeffizienten einer vorgelegten Form dieser Art keine prinzipiellen Schwierigkeiten bietet. Neue Schwierigkeiten erheben sich demgegenüber erst bei den analogen Aufgaben, in denen die Dimension $-r$ verschwindet; diese stehen hier zur Debatte. Es handelt sich also um die Konstruktion der multiplikativen automorphen Funktionen und um die Bestimmung ihrer Fourier-Koeffizienten. Das Ziel ist die exakte Darstellung dieser Fourier-Koeffizienten durch ein von ihrem Index ($n + \vartheta$ in (2.1)) unabhängiges Linear-Kompositum endlich vieler unendlichen Reihen vom Typus der Reihe in der Rademacherschen Partitionenformel. Als wesentliche Kriterien für die sinnvolle Lösung dieser Aufgabe dienen wie dort erstens die — wenigstens prinzipielle — Möglichkeit, aus dieser Darstellung eine asymptotische Entwicklung für die genannten Fourier-Koeffizienten abzulesen, deren Restglied mit wachsendem n gegen Null strebt; zweitens die Möglichkeit der numerischen Berechnung der Fourierkoeffizienten für größere Werte von n vermöge einer numerischen Berechnung und Abschätzung der in der Darstellung auftretenden arithmetischen Exponentialsummen.

Die hier skizzierte Aufgabe ist in dem angedeuteten Umfang (d. h. im Bereiche der allgemeinen multiplikativen automorphen Funktionen) noch nicht vollständig gelöst. Ich beabsichtige, an anderer Stelle zu zeigen, wie weit die Methoden der automorphen Formentheorie in dieser Richtung tragen. Beschränkt man sich jedoch auf multiplikative Funktionen zu Kongruenzgruppen Γ_0, deren Multiplikatoren v überdies Kongruenzcharaktere sind, so liefert die im folgenden zu entwickelnde Theorie, soweit die genannten Kriterien in Betracht kommen, eine restlos befriedigende Lösung. (Ein gerader abelscher Charakter v auf der Gruppe Γ_0 (vgl. (2.2)) heißt ein Kongruenzcharakter von Γ_0, wenn es ein positives Vielfaches $\bar{N}$ von N_0 derart gibt, daß v auf der Gruppe $\Gamma[\bar{N}]$ identisch gleich 1 ist; dabei bezeichnet N_0 (also auch $\bar{N}$) eine Stufe von Γ_0). Von den unter 1. genannten Partitionenproblemen führen gerade die nächstliegenden Modifikationen und Verallgemeinerungen des klassischen Falles auf multiplikative Modulfunktionen $\{\Gamma_0, 0, v\}$ für Kongruenzgruppen Γ_0 und zugehörige Kongruenzcharaktere v. Identifiziert man die $\mathfrak{S}_g$ in (1.6) mit den Restklassenpaaren $\pm(g-1) \bmod N$ $\left(1 \leqq g \leqq \frac{N}{2}+1\right)$, so gilt letzteres allgemein, wenn k_{10} verschwindet und alle k_{gi} ganz sind. (Demgegenüber führen bereits die einfachsten Probleme vom Typus (1.2) über Restklassenpaare $\mathfrak{S}_g$ mit $k_0 = 0$ und nicht lauter ganzen k_g auf multiplikative Funktionen, die zwar zu Kongruenzgruppen gehören, deren Multiplikatoren aber keinen Kongruenzcharakter konstituieren. Schon hier muß man also die Methoden der automorphen Formentheorie heranziehen.) Im übrigen brauchen wir, da die aus den genannten Partitionenproblemen entstehenden Funktionen (2.1) sämtlich in der oberen τ-Halbebene regulär sind, die Konstruktion der Modulfunktionen $\{\Gamma_0, 0, v\}$ nicht in voller Allgemeinheit vorzunehmen, was etwas umständlich wäre. Wir beschränken uns innerhalb der Funktionenklasse $\{\Gamma_0, 0, v\}$ demnach auf die in der oberen τ-Halbebene regulären Funktionen.

Die Konstruktion verläuft, wie kurz angedeutet sei, in mehreren Schritten etwa folgendermaßen: Es bezeichne $\mathfrak{H}$ die obere τ-Halbebene, $\mathfrak{F}_0$ einen Fundamentalbereich von Γ_0, $F(\tau)$ eine in $\mathfrak{H}$ reguläre Funktion $\{\Gamma_0, 0, v\}$. Die Ableitung $F'(\tau)$ liegt in der multiplikativen Differentialklasse $\{\Gamma_0, -2, v\}$, ist in $\mathfrak{H}$ regulär, und ihre Entwicklungen in den Spitzen enthalten keine konstanten Glieder. Sie entspricht also einem multiplikativen Differential zweiter Gattung und läßt sich daher durch ein endliches Linear-Kompositum nicht-ganzer Poincaréscher Reihen der Klasse $\{\Gamma_0, -2, v\}$ auf eine ganze Spitzenform dieser ihrer Klasse reduzieren. Das Linear-Kompositum ist durch die Hauptteile von $F(\tau)$ in den Spitzen von $\mathfrak{F}_0$ eindeutig bestimmt.

Über diese Poincaréschen Reihen ist zu sagen, daß sie dem (übersichtlichsten) parabolischen Typus angehören, jeweils in einer Spitze von $\mathfrak{F}_0$ einen Pol mit eingliedrigem Hauptteil aufweisen und sich sonst in $\mathfrak{F}_0$ wie ganze Spitzenformen verhalten. Da die formal gebildeten Reihen nicht absolut konvergieren, werden sie einem im Ansatz auf Hecke zurückgehenden Summationsverfahren unterzogen, dessen Anwendung nichttriviale Abschätzungen Kloostermanscher Exponentialsummen erfordert; an dieser Stelle wird von der Voraussetzung, v sei ein Kongruenzcharakter, entscheidend Gebrauch gemacht.

Die wichtigste neue Eigenschaft jener Poincaréschen Reihen besteht darin, daß sie zu der vollen Schar der ganzen Spitzenformen ihrer Klasse orthogonal sind. Der Beweis hiervon läßt sich mit Hilfe der Zwischenergebnisse des Summationsverfahrens auf einen analogen Sachverhalt für absolut konvergente Reihen zurückführen und dann nach dem Vorgange von [2] erbringen.

Andererseits hat $F'(\tau)$ die gleiche Orthogonalitäts-Eigenschaft. Man erkennt dies, indem man das flächenhafte Metrisierungs-Integral zunächst durch ein solches über einen Fundamentalbereich der Hauptkongruenzgruppe $\Gamma[\bar{N}]$ ausdrückt und dieses in ein Linienintegral verwandelt. Dabei sei $\bar{N}$ eine Stufe von Γ_0 und v auf $\Gamma[\bar{N}]$ identisch gleich 1, so daß $F'(\tau)$ und der zweite Faktor $\varphi(\tau)$ unter dem Integral in die abelsche Differentialklasse der Gruppe $\Gamma\,[\bar{N}]$ fallen. Die Behauptung folgt jetzt aus der Darstellbarkeit des Linienintegrals als bilineare Form in den Perioden der (abelschen) Integrale von $F'(\tau)$ und $\varphi(\tau)$ und daraus, daß die Perioden von $F(\tau)$ sämtlich verschwinden. Auch dieser Beweis benutzt wesentlich, daß v ein Kongruenzcharakter ist.

Bezeichnet nun $\Phi(\tau)$ das genannte Linear-Kompositum Poincaréscher Reihen, so gilt $F'(\tau) = \Phi(\tau) + \psi(\tau)$, wo $\psi(\tau)$ eine ganze Spitzenform der Klasse $\{\Gamma_0, -2, v\}$ angibt. Da aber sowohl F' als auch Φ zu ψ orthogonal ist, verschwindet ψ identisch, und es gilt $F'(\tau) = \Phi(\tau)$. Dies ist die gesuchte analytische Identität; aus ihr ergeben sich durch Koeffizientenvergleich die gesuchten Darstellungen der Fourierkoeffizienten von F. Im übrigen gewinnt man mit dieser Identität eine echte Konstruktion im Sinne eines Existenzbeweises dadurch, daß man die Hauptteil-Bedingungen für die Funktionen $\{\Gamma_0, 0, v\}$ aufstellt und mit einem ihnen genügenden Koeffizientensystem das Linear-Kompositum $\Phi(\tau)$ bildet; zu den Hauptteilbedingungen vgl. [2], Satz 13. Die Ziele der gegenwärtigen Untersuchung machen einen Existenzbeweis überflüssig, da es sich hier nur darum handelt, eine gegebene Funktion F aus $\{\Gamma_0, 0, v\}$ als $\int \Phi(\tau)\, d\tau$ darzustellen.

Im folgenden soll zunächst das hier mitgeteilte Konstruktionsverfahren kurz entwickelt werden. Der zweite Teil der Untersuchung dient der Beschaffung von Funktionen F des genannten Typus, die mit den Partitionenproblemen aus 1. zusammenhängen, und der Anwendung der Ergebnisse des ersten Teils. Die Funktionen F erscheinen dabei in bekannter Weise als Teilwerte der elliptischen ϑ_1-Funktion.

Von den Ergebnissen seien, soweit sie nicht bereits angedeutet wurden, die folgenden erwähnt:

1. Die — im wesentlichen optimale — Abschätzung der allgemeinen Exponentialsummen, die in den Darstellungen der Fourier-Koeffizienten derjenigen multiplikativen Differentiale zweiter Gattung auftreten, welche zu einer Kongruenzgruppe und einem Kongruenzcharakter gehören und überdies Normalfunktionen ihrer Klasse sind. Die Abschätzung läßt sich auf einen abschließenden Satz von A. WEIL über Kloostermansche Summen vom Primzahlmodul p zurückführen, wodurch die außerordentliche Tragweite dieses Satzes ersichtlich wird; er ist eine Konsequenz der Riemannschen Vermutung in Funktionenkörpern mod p (s. [4]).

2. Eine Antwort auf die Frage, wie viele der konsekutiven Glieder in diesen Darstellungen noch eine im eigentlichen Sinne asymptotische Entwicklung des Fourier-Koeffizienten (als Funktion seines Index) liefern. Die Frage ergibt sich daraus, daß jedes Glied aus zwei Faktoren besteht, deren nur einer ein genau bekanntes asymptotisches Verhalten zeigt, während der andere ein schwer übersichtliches Kompositum der genannten allgemeinen Exponentialsummen ist, die auch einzeln höchst diffizil sind.

3. Die Lösung des allgemeinen unter 1c. bei (1.6) genannten Partitionenproblems, wenn (bei festem N) $\mathfrak{S}_g$ mit der Menge der natürlichen Zahlen $m \equiv \pm g \bmod N \left(1 \leqq g \leqq \frac{N}{2}\right)$ identifiziert wird, im Falle $N \equiv 0 \bmod 2$, $g = \frac{N}{2}$ alle Farbenanzahlen $k_{g\nu}$ $(0 \leqq \nu \leqq f_g)$ gerade sind und die tatsächlich auftretenden g mit N zusammen den größten gemeinsamen Teiler 1 haben.

4. Die asymptotischen Relationen zwischen Partitionenanzahlen im Zusammenhang mit den Klassenzahlen der reellen absolut-abelschen Zahlkörper. Es zeigt sich, daß (1.3) und (1.7) nur sehr spezielle Fälle einer allgemeinen Zuordnung sind, die die Quotienten gewisser Partitionenfunktionen mit den sog. Kreiseinheiten der genannten Zahlkörper verknüpft, welche in der Kummerschen Klassenzahl-Bestimmung auftreten.

5. Die genaue Asymptotik der Partitionenanzahlen, die aus denen eines allgemeinen Problems (3.) dadurch entstehen, daß das Auftreten endlich vieler gegebenen Summanden in einigen oder allen ihrer Farben verboten wird. Insbesondere ist der Unterschied in der

Empfindlichkeit der Anzahlfunktion gegen die Tilgung, je nachdem ob sie die Summanden ohne oder mit Häufigkeitsbeschränkung betrifft, bemerkenswert und erscheint geeignet, ein Verständnis für die Verschiedenheit der Grenzwerte in (1.3) und (1.7) vorzubereiten.

LITERATUR

[1] IVAN NIVEN, On a certain partition function, Amer. J. Math. 62, 353 (1940).
MARY HABERZETLE, On some partition functions, Amer. J. Math. 63, 589 (1941).
JOSEPH LEHNER, A partition function connected with the modulus five, Duke Math. J. 8, 631 (1941).
LOO-KENG HUA, On the number of partitions of a number into unequal parts, Trans. Am. Math. Soc. 51, 609 (1942).
JOHN LIVINGOOD, A partition function with the prime modulus $P > 3$, Amer. J. Math. 67, 149 (1945.)
[2] HANS PETERSSON, Über automorphe Orthogonalfunktionen und die Konstruktion der automorphen Formen von positiver reeller Dimension, Math. Ann. 127, 33 (1954).
[3] HANS SALIÉ, Über die Kloostermanschen Summen $S(u, v, q)$, Math. Zeitschr. 34, 91 (1932).
[4] ANDRÉ WEIL, On some exponential sums, Proc. Nat. Acad. Sci. USA 34, 204 (1948).
[5] G. N. WATSON, A treatise on the theory of Bessel functions, 2nd ed., Univ. Press, Cambridge 1952, s. insbesondere S. 40, 48, 77, 79.
[6] HANS PETERSSON, Über eine Metrisierung der automorphen Formen und die Theorie der Poincaréschen Reihen, Math. Ann. 117, 453 (1940).
[7] —, Automorphe Formen als metrische Invarianten I, Math. Nachr. Berlin, 1, 158 (1948).
[8] G. N. WATSON, [5], S. 203.
[9] HURWITZ-COURANT, Funktionentheorie, Springer, II. Abschnitt.
[10] HANS RADEMACHER, Bestimmung einer gewissen Einheitswurzel in der Theorie der Modulfunktionen, J. Lond. Math. Soc. 7, 14 (1932).
[11] ERICH HECKE, Theorie der Eisensteinschen Reihen höherer Stufe und ihre Anwendung auf Funktionentheorie und Arithmetik, Abh. Math. Sem. Univ. Hamburg 5, 199 (1927).
[12] HELMUT HASSE, Über die Klassenzahl Abelscher Zahlkörper, Monographie, Akademie-Verlag Berlin 1952.
[13] PAUL ERDÖS und JOSEPH LEHNER, The distribution of the number of summands in the partitions of a positive integer, Duke Math. J. 8, 335 (1941).

3. Bezeichnungen. Ansatz der Poincaréschen Reihen G mit konvergenzerzeugenden Faktoren

Modulmatrizen werden vorwiegend mit

$$S = \begin{pmatrix} a & b \\ c & d \end{pmatrix}, \quad L = \begin{pmatrix} \alpha & \beta \\ \gamma & \delta \end{pmatrix}, \quad M = \begin{pmatrix} m_0 & m_3 \\ m_1 & m_2 \end{pmatrix}, \quad A = \begin{pmatrix} a_0 & a_3 \\ a_1 & a_2 \end{pmatrix} \tag{3.1}$$

oder entsprechend durch Anhängen von Indices bezeichnet; allgemein wird

$$\underline{S} = \{c, d\}, \quad -S = \begin{pmatrix} -a & -b \\ -c & -d \end{pmatrix}, \quad S\tau = S(\tau) = \frac{a\tau + b}{c\tau + d} \quad (\tau \text{ komplex}), \tag{3.2}$$

speziell

$$I = \begin{pmatrix} 1 & 0 \\ 0 & 1 \end{pmatrix}, \quad U = \begin{pmatrix} 1 & 1 \\ 0 & 1 \end{pmatrix}, \quad T = \begin{pmatrix} 0 & -1 \\ 1 & 0 \end{pmatrix} \tag{3.3}$$

geschrieben. Zwischen der Gruppe Γ der Modulmatrizen S und der Gruppe der zugehörigen Substitutionen $\tau' = S\tau$ in der Ausdrucksweise konsequent zu unterscheiden, hat sich als überflüssig erwiesen; das analoge gilt für Untergruppen Γ_0 von endlichem

Index in Γ. Von diesen nehmen wir o. E. stets an, daß sie die Matrix $-I$ enthalten. Im übrigen bezeichnen wir meistens die Matrizen von Γ_0 mit L, die der Nebengruppen $A\,\Gamma_0$ (A in Γ) mit M, die allgemeinen Modulmatrizen mit S.

Bildet man die Modulfigur in der oberen Halbebene $\mathfrak{H}$ der komplexen Variablen τ, so entsteht aus dem Elementardreieck $\mathfrak{E}$ ($|\tau| > 1$, $|\mathrm{Re}\,\tau| < \frac{1}{2}$ zuzüglich des Randteiles mit $\mathrm{Re}\,\tau \leqq 0$) vermöge der Zerlegung in Nebenklassen

$$\Gamma = \sum_{\nu=1}^{\mu} \Gamma_0 S_\nu \qquad (\mu = [\Gamma : \Gamma_0])$$

die Fundamentalmenge $\sum_{\nu=1}^{\mu} S_\nu \mathfrak{E}$ von Γ_0. Dabei hat man Punkte, die getrennt liegen, aber mod Γ_0 kongruent sind, zu identifizieren. Solche Punkte sind stets elliptische Fixpunkte von Γ, aber nicht von Γ_0.

Die übersichtlichste Darstellung dieser Fundamentalmengen gewinnt man aus der Betrachtung der Spitzen (parabolischen Fixpunkte) von Γ_0. Einer Spitze $\zeta = A^{-1}\infty$ von Γ_0 (also $\zeta = -\frac{a_2}{a_1}$ gemäß (3.1), dabei stets A in Γ) entspricht eine „Grundmatrix"

$$P = P_\zeta = A^{-1}\, U^{N^*} A \text{ in } \Gamma_0 \quad (N^* = N_A \text{ ganz und } > 0), \tag{3.4}$$

die in dieser Gestalt durch $N^* = \min$ erklärt ist. Durchläuft $\zeta_j = A_j^{-1}\,\infty$ (A_j in Γ, $1 \leqq j \leqq \sigma_0$) ein volles System inkongruenter Spitzen von Γ_0, so bildet das Bereichsystem (vgl. (3.3))

$$\sum_{j=1}^{\sigma_0} \sum_{l \bmod N_j} A_j^{-1} U^l \mathfrak{E} \qquad (N_j = N_{A_j}) \tag{3.5}$$

im genannten Sinne eine Fundamentalmenge von Γ_0. Wir nennen $\sum_{l \bmod N^*} A^{-1} U^l \mathfrak{E}$ einen Spitzensektor von ζ, wenn l darin konsekutive Zahlen durchläuft. Eine einfache Überlegung zeigt, daß das Bereichsystem (3.5) über Kanten der $S\mathfrak{E}$ (S in Γ) zusammenhängend gewählt werden kann; dann liegt ein Fundamentalbereich $\mathfrak{F}_0$ von Γ_0 vor, der aus Spitzensektoren der ζ_j besteht. Wir nennen einen solchen Fundamentalbereich von Γ_0 parazyklisch geschlossen.

Ein Abelscher Charakter v auf Γ_0 heißt gerade, wenn $v(-I) = 1$ ist, sonst ungerade. Jedem geraden Abelschen Charakter v des Betrages 1 entspricht in dem obigen Zusammenhang ein $\varkappa^* = \varkappa_A$ mit

$$v(P_\zeta) = e^{2\pi i \varkappa^*} \qquad (\varkappa^* = \varkappa_A,\ 0 \leqq \varkappa^* < 1). \tag{3.6}$$

Wir erklären $\varkappa^{*+} = \varkappa_A^+$, $\varkappa^{*\prime} = \varkappa_A^\prime$ durch

$$\varkappa^{*+} \equiv \varkappa^* \bmod 1, \quad 0 < \varkappa^{*+} \leqq 1; \quad \varkappa^{*\prime} = 1 - \varkappa^{*+} \tag{3.7}$$

und schreiben $N_j, \varkappa_j, \varkappa_j^+, \varkappa_j^\prime$ für bzw. $N_{A_j}, \varkappa_{A_j}, \varkappa_{A_j}^+, \varkappa_{A_j}^\prime$ ($1 \leqq j \leqq \sigma_0$) mit der Bedeutung der A_j aus (3.5).

Der geometrischen Auszeichnung der Punkte ∞ und 0 trägt man dadurch Rechnung, daß man ∞ und, wenn $\sigma_0 > 1$ ist, auch 0 als Spitzen in den jeweiligen Fundamentalbereich aufnimmt, sofern dessen Lage speziell fixiert wird. Es sei dann $\zeta_1 = \infty$, $A_1 = I$ und für $\sigma_0 > 1$: $\zeta_2 = 0$, $A_2 = \pm T$ (vgl. (3.3)).

Wir schreiben

$$N,\ \varkappa,\ \varkappa^+,\ \varkappa^\prime \text{ für bzw. } N^*,\ \varkappa^*,\ \varkappa^{*+},\ \varkappa^{*\prime}, \text{ wenn } A = I.$$

Es sei zunächst Γ_0 eine beliebige Untergruppe von endlichem Index der Modulgruppe, v ein gerader Abelscher Charakter des Betrages 1 auf Γ_0. Wir bezeichnen mit

τ und s komplexe Variable; $\tau = x + iy$, $y = \operatorname{Im} \tau > 0$, $\operatorname{Re} s > 0$;

$\mathfrak{S}(A, \Gamma_0)$ bei gegebenem A in Γ ein volles System von Matrizen M aus $A\,\Gamma_0$ mit verschiedenen zweiten Zeilen $\underline{M} = \{m_1, m_2\}$;

$v(M)$ für $M = AL$ in $A\Gamma_0$ den Wert $v(A)v(L)$; $v(A)$ kann für $A \not\subset \Gamma_0$ unter der Bedingung $|v(A)| = 1$ willkürlich gewählt werden;

ν eine ganze Zahl, dabei $\nu + \varkappa^* \neq 0$ (vgl. (3.6)); für $\nu < 0$ sei $\nu + \varkappa^* = -h - \varkappa^{*\prime}$, also h ganz und $\geqq 0$;

$\mathfrak{K}$ das Symbol der multiplikativen Differentialklasse $\{\Gamma_0, -2, v\}$

und setzen die Poincaréschen Reihen mit konvergenzerzeugenden Faktoren in der folgenden Gestalt an (vgl. (3.1))

$$(3.8) \qquad G(s, \tau; A, \mathfrak{K}, \nu + \varkappa^*) = \sum_{M \in \mathfrak{S}(A, \Gamma_0)} \frac{\exp\left(2\pi i (\nu + \varkappa^*) \frac{M\tau}{N^*}\right)}{v(M)\,(m_1\tau + m_2)^2\,|m_1\tau + m_2|^s}\,.$$

Das Verhalten dieser Reihen hinsichtlich absoluter Konvergenz und bei Ausübung von Modulsubstitutionen ist bekannt. Zur Konvergenz werde lediglich die folgende, für $m_1 \neq 0$ gültige und für $\nu < 0$ zu benutzende Ungleichung zitiert:

$$\operatorname{Im} M\tau = \frac{y}{|m_1\tau + m_2|^2} \leqq \frac{1}{|m_1|\;|m_1\tau + m_2|} \leqq \frac{1}{m_1^2 y} \leqq \frac{1}{y}\,.$$

Wir notieren die Transformationsgleichungen in den Bezeichnungen (3.1):

Für L in Γ_0 gilt

$$(3.9) \quad G(s, L\tau; A, \mathfrak{K}, \nu + \varkappa^*) = v(L)\,(\gamma\tau + \delta)^2\,|\gamma\tau + \delta|^s\,G(s, \tau; A, \mathfrak{K}, \nu + \varkappa^*).$$

Für S in Γ gilt

$$(3.10) \quad G(s, S\tau; A, \mathfrak{K}, \nu + \varkappa^*) = \frac{v'_S(AS)}{v(A)}\,(c\tau + d)^2\,|c\tau + d|^s\,G(s, \tau; AS, \mathfrak{K}'_S, \nu + \varkappa^*),$$

wo $\mathfrak{K}'_S = \{S^{-1}\Gamma_0 S, -2, v'_S\}$, $v'_S(L') = v(L)$ für $L' = S^{-1}LS$ in $S^{-1}\Gamma_0 S$.

Aus (3.10) folgt (3.9), wenn stets $v'_L = v$ gesetzt wird (L in Γ_0). Daß $\zeta = A^{-1}\infty$ in einer zweiten Darstellung auch als $A'^{-1}\infty$ (A' in Γ) erscheint, bedeutet $A' = \pm U^k A$ mit einem ganzen k, und es gilt dann

$$(3.11) \quad G(s, \tau; A', \mathfrak{K}, \nu + \varkappa^*) = \frac{v(A)}{v(A')}\exp\left(2\pi i (\nu + \varkappa^*) \frac{k}{N^*}\right) G(s, \tau; A, \mathfrak{K}, \nu + \varkappa^*).$$

(3.11) besagt, daß die einzelne Reihe G wesentlich nur von der Spitze ζ, (3.10) mit (3.9), daß sie sogar wesentlich nur von der Klasse der zu ζ nach Γ_0 kongruenten Spitzen abhängt. Man kann sich daher auf die Untersuchung der Reihen G mit $A = A_j$ $(1 \leqq j \leqq \sigma_0)$ beschränken. Ist $B^{-1}\infty$ eine Spitze von Γ_0, dabei $B \subset \Gamma$, $\underline{B} = \{b_1, b_2\}$, so liefert (3.10)

$$(3.12) \; G(s, \tau; A, \mathfrak{K}, \nu + \varkappa^*) = \frac{v'_{B^{-1}}(AB^{-1})}{v(A)}(b_1\tau + b_2)^{-2}|b_1\tau + b_2|^{-s} G(s, B\tau; AB^{-1}, \mathfrak{K}'_{B^{-1}}, \nu + \varkappa^*),$$

woraus hervorgeht, daß man das Verhalten der Funktionen G für $\tau \to B^{-1}\infty$ kennt, wenn man weiß, wie sich diese Funktionen im Unendlichen verhalten. Nach (3.11) können und werden wir o. E. ferner voraussetzen, daß $A = I$ sei, wenn $\zeta = A^{-1}\infty \equiv \infty \bmod \Gamma_0$. Dies bedeutet genau, daß $A = I$ ist, wenn das Element m_1 in einem $M = \begin{pmatrix} m_0 & m_3 \\ m_1 & m_2 \end{pmatrix}$ aus $A\,\Gamma_0$ verschwindet.

4. Exponentialsummen vom Kloostermanschen Typus

Es bezeichne $\mathfrak{T}(A, \Gamma_0)$ die Menge der m_1 in $\underline{M} = \{m_1, m_2\}$ für M in $A\,\Gamma_0$; $\mathfrak{T}(A, \Gamma_0)$ liegt symmetrisch zum Punkte $m_1 = 0$. Dieser Wert $m_1 = 0$ gehört dann und nur dann zu $\mathfrak{T}(A, \Gamma_0)$, wenn die Spitze $\zeta = A^{-1}\infty \equiv \infty \bmod \Gamma_0$. Nach der Voraussetzung am Ende von 3. bedeutet dies $A = I$.

Mit M liegen alle $M\,U^{kN}$ (k ganz) in $A\,\Gamma_0$. Daher gibt es zu jedem $m_1 \neq 0$ in $\mathfrak{T}(A, \Gamma_0)$ ein System $\mathfrak{R}_{m_1}(A, \Gamma_0)$ von inkongruenten Resten $j \bmod m_1 N$ derart, daß alle zweiten Zeilen $\{m_1, m_2\}$ (m_1 fest) der M in $A\,\Gamma_0$ durch

$$m_2 = j + k m_1 N, \quad j \text{ in } \mathfrak{R}_{m_1}(A, \Gamma_0), \quad k \text{ ganz} \tag{4.1}$$

dargestellt werden. Ebenso gibt es ein System $\mathfrak{R}'_{m_1}(A, \Gamma_0)$ von inkongruenten Resten j' mod $m_1 N^*$ derart, daß alle ersten Spalten $\begin{pmatrix} m_0 \\ m_1 \end{pmatrix}$ (m_1 fest) der M in $A\,\Gamma_0$ durch

$$m_0 = j' + k^* m_1 N^*, \quad j' \text{ in } \mathfrak{R}'_{m_1}(A, \Gamma_0), \quad k^* \text{ ganz} \tag{4.2}$$

dargestellt werden; j' in $\mathfrak{R}'_{m_1}(A, \Gamma_0)$ läßt sich durch $-j'$ in $\mathfrak{R}_{m_1}(A^{-1}, A\,\Gamma_0\,A^{-1})$ ausdrücken.

Die Bedingungen

$$\begin{pmatrix} j' & * \\ m_1 & j \end{pmatrix} \text{ in } A\,\Gamma_0, \quad j \text{ in } \mathfrak{R}_{m_1}(A, \Gamma_0), \quad j' \text{ in } \mathfrak{R}'_{m_1}(A, \Gamma_0) \quad (m_1 \neq 0)$$

vermitteln eine umkehrbar-eindeutige Abbildung der genannten Restsysteme $\mathfrak{R}_{m_1}$ und $\mathfrak{R}'_{m_1}$ aufeinander. Faßt man dementsprechend j' als Funktion von j auf, so hängt (vgl. (3.4,6))

$$W_{m_1}(n + \varkappa, A, \mathfrak{K}, \nu + \varkappa^*) = \sum_{j \in \mathfrak{R}_{m_1}(A, \Gamma_0)} v^{-1}\left(\begin{pmatrix} j' & * \\ m_1 & j \end{pmatrix}\right) \exp\left(2\pi i \left\{\frac{(n+\varkappa)\,j}{m_1 N} + \frac{(\nu + \varkappa^*)\,j'}{m_1 N^*}\right\}\right) \tag{4.3}$$

von der Auswahl der Restsysteme $\mathfrak{R}_{m_1}$, $\mathfrak{R}'_{m_1}$ nicht ab.

Wir werden im folgenden eine wesentliche — bestmögliche — Verschärfung der trivialen Aussage

$$|W_{m_1}(n + \varkappa, A, \mathfrak{K}, \nu + \varkappa^*)| \leqq N\,|m_1| \tag{4.4}$$

über das Anwachsen der W_{m_1} ableiten, vorausgesetzt, daß Γ_0 eine Kongruenzgruppe und v ein Kongruenzcharakter auf Γ_0 ist. Als entscheidendes Hilfsmittel zum Beweise dient neben einer älteren Ungleichung, die auf H. SALIÉ [3] zurückgeht, ein tiefliegendes neueres Ergebnis von A. WEIL [4]. Es ist hervorzuheben, daß man für die nächsten Ziele der Untersuchung zwar mit weniger scharfen Abschätzungen als [4] und entsprechend geringeren Verschärfungen von (4.4) auskäme. Jedoch ist das Anwachsen der W_{m_1} maßgebend für die Güte der Konvergenz der Reihendarstellungen und für die Größenordnung der Restglieder in den asymptotischen Entwicklungen, die später abgeleitet werden sollen.

Für ganze m, n, ν mit $m \geqq 1$ setzen wir

$$S_m(n, \nu) = \sum_{\substack{j \bmod m \\ jj' \equiv 1 \bmod m}} \exp\left(\frac{2\pi i}{m}(nj + \nu j')\right). \tag{4.5}$$

Nach [3] gilt für $m = p^\alpha$, p Primzahl, α ganze Zahl $\geqq 2$:

(4.6) $$|S_m(n,\nu)| < 2\sqrt{2}\, m^{\frac{1}{2}} (n,m)^{\frac{1}{2}} \text{ und } < 2\sqrt{2}\, m^{\frac{1}{2}} (\nu,m)^{\frac{1}{2}},$$

wenn nicht $(n, \nu, p^\alpha) = p^{\alpha-1}$ ist. Nach [4] gilt für $m = p$ (Primzahl)

(4.7) $$|S_p(n,\nu)| \leqq 2\sqrt{p},$$

wenn nicht $(n, \nu, p) = p$ ist. (4.6) und (4.7) lassen sich mit den restlichen Fällen dahin zusammenfassen, daß

$$|S_m(n,\nu)| < c_0 m^{\frac{1}{2}} (n,\nu,m)^{\frac{1}{2}}$$

ist, wenn $m = p^\alpha$, p Primzahl, α natürliche Zahl, $c_0 = 2\sqrt{2}$.

Hieraus folgt auf Grund der multiplikativen Eigenschaften der Kloostermanschen Summen für beliebige natürliche m:

$$|S_m(n,\nu)| < c_0^{r(m)} m^{\frac{1}{2}} (n,\nu,m)^{\frac{1}{2}},$$

wo $r(m)$ die Anzahl der verschiedenen Primteiler von m angibt.

Da bekanntlich

$$r(m) = O\left(\frac{\log m}{\log\log m}\right) \text{ für } m \to +\infty,$$

findet man schließlich

(4.8) $$|S_m(n,\nu)| \leqq m^{\frac{1}{2}+\varepsilon(m)} (n,\nu,m)^{\frac{1}{2}}$$

für beliebige natürliche m; dabei ist

(4.9) $$\begin{gathered} \varepsilon(1) = 0,\ \varepsilon(m) \leqq c_2 \text{ für } m \geqq 1, \\ \varepsilon(m) \leqq 3 \text{ für } 1 < m < 30,\ \varepsilon(m) \leqq \frac{c_1}{\log\log m} \text{ für } m \geqq 30 \end{gathered}$$

mit numerischen Konstanten c_1, c_2.

Es sei N eine natürliche Zahl. Obwohl die Gruppe $\bar{\Gamma}[N]$ der Modulmatrizen $L \equiv I \bmod N$ für $N > 2$ die Matrix $-I$ nicht enthält, existieren die Systeme $\mathfrak{S}$, $\mathfrak{T}$, $\mathfrak{R}_{m_1}$, $\mathfrak{R}'_{m_1}$ mit den Argumenten A, $\bar{\Gamma}[N]$ im Sinne der obigen Definitionen für beliebige A in Γ; $\mathfrak{R}_{m_1}$ und $\mathfrak{R}'_{m_1}$ spielen für $m_1 \neq 0$ in $\mathfrak{T}$ die (4.1,2) analoge Rolle. Die in (4.3) verwendeten N, N^* sind mit dem zuletzt genannten N identisch, und m_1 in $\mathfrak{T}$ besagt für $m_1 \neq 0$ soviel wie $m_1 \equiv a_1 \bmod N$. Wir bilden die Summen (4.3) mit $v = 1$ in der Bezeichnung

(4.10) $$S_{m_1}(n, A, N, \nu) = \sum_{\mathfrak{B}_{m_1}(A,N)} \exp\left(\frac{2\pi i}{m_1 N}\{nj + \nu j'\}\right);$$

$\mathfrak{B}_{m_1}(A, N)$ steht bei gegebenem $A = \begin{pmatrix} a_0 & a_3 \\ a_1 & a_2 \end{pmatrix}$ aus Γ für die Bedingungen

$$\begin{gathered} j \text{ und } j' \bmod m_1 N;\ (j, m_1) = (j', m_1) = 1; \\ j \equiv a_2,\ j' \equiv a_0 \bmod N;\ jj' \equiv 1 + m_1 a_3 \bmod m_1 N. \end{gathered}$$

Die Summen (4.10) lassen sich wie folgt auf die Summen (4.5) zurückführen:

Zunächst gilt, wenn

$$A' = \begin{pmatrix} a_0' & a_3' \\ a_1' & a_2' \end{pmatrix} = U^{k^*} A\, U^k \text{ mit ganzen } k, k^*$$

gesetzt wird:

$$S_{m_1}(n, A', N, \nu) = \exp\left(\frac{2\pi i}{N}(nk + \nu k^*)\right) S_{m_1}(n, A, N, \nu).$$

Hier können k, k^* so bestimmt werden, daß $a_3' \equiv 0 \bmod N$ wird, was $a_0' a_2' \equiv 1 \bmod N$ nach sich zieht und bewirkt, daß die letzte Bedingung in $\mathfrak{B}_{m_1}(A', N)$ die Gestalt $jj' \equiv 1 \bmod m_1 N$ annimmt. Da andererseits

$$S_{m_1}(n, A', N, \nu) = N^{-1} \sum_{l \bmod N} \exp\left(-2\pi i \frac{a_0' l}{N}\right) S_{m_1 N}(n, \nu + l m_1),$$

so folgt schließlich aus (4.8,9) für beliebige $m_1 \equiv a_1 \bmod N$ ($m_1 > 0$):

$$|S_{m_1}(n, A, N, \nu)| \leqq N^{1+e_2} m_1^{\frac{1}{2}+\varepsilon(m_1 N)} (n, \nu, m_1)^{\frac{1}{2}}. \tag{4.11}$$

Nunmehr sei Γ_0 eine Kongruenzgruppe, v ein Kongruenzcharakter auf Γ_0 und demgemäß $\bar{N}$ eine (nicht notwendig die kleinste) Stufe von Γ_0 derart, daß $v(\bar{L}) = 1$ für $\bar{L}$ in $\Gamma[\bar{N}]$; $\Gamma[\bar{N}]$ ist Normalteiler von Γ_0, und Γ_0 besteht daher aus vollständigen Nebenklassen $K\,\Gamma[\bar{N}]$. Mit $\eta = [\Gamma_0 : \Gamma[\bar{N}]]$ gilt $v^\eta(L) = 1$ für L in Γ_0, weshalb alle $\eta\,\varkappa_j$ $(1 \leqq j \leqq \sigma_0)$ ganz sind; genauer ist $\bar{N} = N_j g_j$ mit ganzen $g_j \mid \eta$ und bereits $g_j \varkappa_j$ ganz. Wir schreiben speziell für das gegebene A aus Γ (vgl. (3.4,6)):

$$\bar{N} = N g = N^* g^* \ (g, g^*, g\varkappa, g^*\varkappa^* \text{ ganz}).$$

Zur Reduktion der Summen (4.3) auf die Summen (4.10) zerlegen wir Γ_0 in Nebenklassen nach dem Normalteiler $\bar{\Gamma}[\bar{N}]$:

$$\Gamma_0 = \sum_{\nu=1}^{\bar{\mu}} K_\nu \bar{\Gamma}[\bar{N}] \qquad (\bar{\mu} = [\Gamma_0 : \bar{\Gamma}[\bar{N}]]).$$

Dies gibt $A\,\Gamma_0 = \sum_{\nu=1}^{\bar{\mu}} A\,K_\nu \bar{\Gamma}[\bar{N}]$. Daß die Klassen

$$AK_{\nu'}\,\bar{\Gamma}[\bar{N}] \text{ und } AK_\nu \bar{\Gamma}[\bar{N}]$$

je eine Matrix mit der gleichen zweiten Zeile enthalten, bedeutet (vgl. (3.4))

$$K_{\nu'} \equiv P^k K_\nu \bmod \bar{N} \ (k \text{ ganz})$$

und daher, daß die Gesamtheit aller zweiten Zeilen in $AK_{\nu'}\,\bar{\Gamma}[\bar{N}]$ mit der entsprechenden Gesamtheit in $AK_\nu\,\bar{\Gamma}[\bar{N}]$ übereinstimmt. Es bezeichne H_ϱ $\left(1 \leqq \varrho \leqq \mu^* = \frac{\bar{\mu}}{g^*}\right)$ ein volles Teilsystem der K_ν mit der Eigenschaft, daß sich zwei H_ϱ zu verschiedenen ϱ niemals mod $\bar{N}$ um einen linken Faktor P^k (k ganz) unterscheiden. Dann gilt bei passender Auswahl der Systeme $\mathfrak{S}$ offenbar

$$\mathfrak{S}(A, \Gamma_0) = \sum_{\varrho=1}^{\mu^*} \mathfrak{S}(A H_\varrho, \bar{\Gamma}[\bar{N}]). \tag{4.12}$$

Wir schreiben $A H_\varrho = B_\varrho$, $B_\varrho = \{b_{\varrho 1}, b_{\varrho 2}\}$ und bestimmen zu einem festen $m_1 > 0$ aus $\mathfrak{T}(A, \Gamma_0)$ die (nicht leere) Menge $\mathfrak{q}_{m_1}$ der ϱ mit $b_{\varrho 1} \equiv m_1 \bmod \bar{N}$, $1 \leqq \varrho \leqq \mu^*$. Das reduzierte Restsystem $\mathfrak{R}^0_{m_1}(A, \Gamma_0)$ sei allgemein durch die Zusatzbedingung $0 \leqq j \leqq m_1 N - 1$ erklärt. Man sieht dann aus (4.12), daß die Menge der

$$j_1 = j + k m_1 N \quad (j \text{ in } \mathfrak{R}^0_{m_1}(A, \Gamma_0),\ 0 \leqq k \leqq g - 1)$$

mit der Vereinigung $\sum_{\varrho \subset \mathfrak{q}_{m_1}} \mathfrak{R}^0_{m_1}(B_\varrho, \bar{\Gamma}[\bar{N}])$ zusammenfällt. Beachtet man noch die Unabhängigkeit der W_{m_1} von der Auswahl der Systeme $\mathfrak{R}'_{m_1}$ sowie die Relationen

$$v(Q) = v(B_\varrho) \text{ für } Q \text{ in } B_\varrho \bar{\Gamma}[\bar{N}],$$

so findet man schließlich für alle $m_1 > 0$ in $\mathfrak{T}(A, \Gamma_0)$:

$$g\, W_{m_1}(n + \varkappa, A, \mathfrak{K}, \nu + \varkappa^*) = \sum_{\varrho \subset \mathfrak{q}_{m_1}} v^{-1}(B_\varrho)\, S_{m_1}(g(n + \varkappa), B_\varrho, \bar{N}, g^*(\nu + \varkappa^*)), \tag{4.13}$$

also nach (4.11)

$$(4.14) \quad |W_{m_1}(n+\varkappa, A, \mathfrak{R}, \nu+\varkappa^*)| \leqq C_1(\mathfrak{R})\, m_1^{\frac{1}{2}+\varepsilon(m_1 \bar{N})} (g(n+\varkappa), g^*(\nu+\varkappa^*), m_1)^{\frac{1}{2}},$$

wo $C_1(\mathfrak{R}) = 2\eta\, \bar{N}^{1+\varepsilon_2}$ nur von $\mathfrak{R}$ (d. h. von Γ_0, v) abhängt.

5. Analytische Fortsetzung und Metrisierung der Reihen G

Benutzt man die Periodizität der Summationsbedingung und der Glieder der Reihe (3.8) in ihrer Abhängigkeit von m_2, so findet man nach dem Poissonschen Summationsverfahren (vgl. die Voraussetzung am Schluß von 3.):

$$(5.1) \quad \begin{aligned} G(s, \tau; A, \mathfrak{R}, \nu+\varkappa^*) &= 2\delta_{A,I} \exp\left(2\pi i(\nu+\varkappa)\frac{\tau}{N}\right) + \\ &+ 2N^{-1} \sum_{n=-\infty}^{+\infty} \sum_{\substack{m_1 \in \mathfrak{T}(A,\Gamma_0) \\ m_1>0}} m_1^{-2-s}\, W_{m_1}(n+\varkappa, A, \mathfrak{R}, \nu+\varkappa^*)\, B\left(s, \tau; \frac{n+\varkappa}{N}, \frac{\nu+\varkappa^*}{N^* m_1^2}\right) \end{aligned}$$

mit

$$(5.2) \quad B(s, \tau; \xi, \eta) = \int_{-\infty}^{+\infty} \exp\left(-2\pi i\, \xi\, u - 2\pi i \frac{\eta}{\tau+u}\right) \frac{du}{(\tau+u)^2 |\tau+u|^s} \quad (\xi \text{ reell})$$

$$(5.3) \quad B(s, \tau; \xi, \eta) = y^{-1-s} \exp(2\pi i\, \xi\, x)\; B\left(s, i; \xi\, y, \frac{\eta}{y}\right).$$

Die Integrale (5.2) genügen, wie man durch Umbiegen des Integrationsweges beweist, für $\xi \neq 0$, $y = \operatorname{Im} \tau \geqq \alpha_0$ ($\alpha_0 > 0$), $|s| \leqq R$ ($R > 1$), $\operatorname{Re} s \geqq -1$ den Ungleichungen

$$(5.4) \quad |B(s, \tau; \xi, \eta)| \leqq C_2(\alpha_0, R) \exp\left(-\pi |\xi|\, y + 6\pi \frac{|\eta|}{y}\right).$$

Sie zeigen im Verein mit (4.14), daß die Doppelreihe auf der rechten Seite von (5.1) in jedem Bereiche

$$(5.5) \quad y \geqq \alpha_0,\ \operatorname{Re} s \geqq -\frac{1}{2} + \alpha_0,\ |s| \leqq R \qquad (\alpha_0 > 0,\ R > 1)$$

gleichmäßig absolut konvergiert. Es ergibt sich also, wenn Γ_0 eine Kongruenzgruppe und v ein Kongruenzcharakter auf Γ_0 ist:

Satz 1. *Die Reihen* (3.8) $G(s, \tau; A, \mathfrak{R}, \nu+\varkappa^*)$ ($\nu+\varkappa^* \neq 0$) *sind als Funktionen von* s *für alle* τ *mit* $\operatorname{Im} \tau > 0$ *in die Halbebene* $\operatorname{Re} s > -\frac{1}{2}$ *regulär-analytisch fortsetzbar. Sie gestatten die Darstellung* (5.1), *deren Doppelreihe in jedem Bereiche* (5.5) *gleichmäßig absolut konvergiert.*

Hieraus folgt nach (3.9—12):

Satz 2. *Die gemäß Satz* 1 *zu bildenden Nullwerte*

$$G(\tau, A, \mathfrak{R}, \nu+\varkappa^*) = G(0, \tau; A, \mathfrak{R}, \nu+\varkappa^*) \qquad (\nu+\varkappa^* \neq 0)$$

stellen als Funktionen von τ sämtlich (analytische) Modulformen der Klasse $\mathfrak{K}$ dar, und zwar ganze Spitzenformen, wenn $\nu + \varkappa^* > 0$. Ist $\nu + \varkappa^* < 0$, so verhält sich der betreffende Nullwert in der oberen τ-Halbebene und in allen zu $A^{-1}\infty$ mod Γ_0 *inkongruenten Spitzen wie eine ganze Spitzenform. In der Spitze $A^{-1}\infty$ gestattet er eine Entwicklung von der Gestalt*

$$G(\tau, A, \mathfrak{K}, \nu + \varkappa^*) = 2 \frac{\exp\left(2\pi i (\nu + \varkappa^*) \frac{A\tau}{N^*}\right)}{v(A)\,(a_1\tau + a_2)^2} + \\ + (a_1\tau + a_2)^{-2} \sum_{\substack{n=0 \\ n+\varkappa^*>0}}^{\infty} \beta_{n+\varkappa^*} \exp\left(2\pi i (n + \varkappa^*) \frac{A\tau}{N^*}\right)$$

mit konstanten $\beta_{n+\varkappa^*}$.

Um die Fourierentwicklungen dieser Nullwerte explizit anzugeben, setzen wir in fester Bezeichnung

$$u_N^\lambda = u_N^\lambda(\tau) = \exp\left(2\pi i \lambda \frac{\tau}{N}\right) \qquad (N > 0,\ \lambda \text{ komplex}). \tag{5.6}$$

Satz 3. *Es ist*

$$G(\tau, A, \mathfrak{K}, \nu + \varkappa^*) = 2\delta_{A,I}\, u_N^{\nu+\varkappa}(\tau) + \sum_{\substack{n=0 \\ n+\varkappa>0}}^{\infty} \gamma_{n+\varkappa}(A, \mathfrak{K}, \nu + \varkappa^*)\, u_N^{n+\varkappa}(\tau)$$

und für $\nu + \varkappa^* > 0$:

$$\gamma_{n+\varkappa}(A, \mathfrak{K}, \nu + \varkappa^*) = -\frac{4\pi}{N}\left(\frac{\nu + \varkappa^*}{N^*}\right)^{-\frac{1}{2}}\left(\frac{n + \varkappa}{N}\right)^{\frac{1}{2}} \times \\ \sum_{\substack{m_1 \in \mathfrak{T}(A,\Gamma_0) \\ m_1 > 0}} m_1^{-1}\, W_{m_1}(n + \varkappa, A, \mathfrak{K}, \nu + \varkappa^*)\, J_1\left(\frac{4\pi}{m_1}\sqrt{\frac{(n+\varkappa)\,(\nu + \varkappa^*)}{N N^*}}\right);$$

dagegen für $\nu + \varkappa^* = -h - \varkappa^{*\prime} < 0$:

$$\gamma_{n+\varkappa}(A, \mathfrak{K}, -h - \varkappa^{*\prime}) = -\frac{4\pi}{N}\left(\frac{h + \varkappa^{*\prime}}{N^*}\right)^{-\frac{1}{2}}\left(\frac{n + \varkappa}{N}\right)^{\frac{1}{2}} \times \\ \sum_{\substack{m_1 \in \mathfrak{T}(A,\Gamma_0) \\ m_1 > 0}} m_1^{-1}\, W_{m_1}(n + \varkappa, A, \mathfrak{K}, -h - \varkappa^{*\prime})\, I_1\left(\frac{4\pi}{m_1}\sqrt{\frac{(n+\varkappa)\,(h + \varkappa^{*\prime})}{N N^*}}\right).$$

Hier treten die Besselschen Funktionen in der üblichen Bezeichnung auf [5]:

$$\begin{aligned} J_1(z) &= \sum_{m=0}^{\infty} \frac{(-1)^m \left(\frac{z}{2}\right)^{2m+1}}{m!\,(m+1)!} = \frac{2}{\pi} z \int_0^1 \sqrt{1-t^2}\, \cos(zt)\, dt, \\ I_1(z) &= \sum_{m=0}^{\infty} \frac{\left(\frac{z}{2}\right)^{2m+1}}{m!\,(m+1)!} = \frac{2}{\pi} z \int_0^1 \sqrt{1-t^2}\, \cosh(zt)\, dt. \end{aligned} \tag{5.7}$$

Zur Bestimmung der metrischen Eigenschaften der $G(\tau, A, \mathfrak{K}, \nu + \varkappa^*)$ ziehen wir die in [2] ausführlich dargestellte Theorie heran. Die dort entwickelten gegenüber [6] vereinfachten Beweise gestatten eine Übertragung auf den vorliegenden Fall unter nur geringfügigen Modifikationen, so daß wir uns auf eine kurze Beschreibung des Verfahrens beschränken können.

Zunächst bilden wir die Funktionen

$$G^*(s, \tau; A, \mathfrak{K}, \nu + \varkappa^*) = y^{\frac{s}{2}}\, G(s, \tau; A, \mathfrak{K}, \nu + \varkappa^*). \tag{5.8}$$

Für sie bestehen die Transformationsregeln (3.9,10,12) mit der folgenden Vereinfachung: die auf den rechten Seiten erscheinenden Faktoren $|\gamma\tau + \delta|^s$ bzw. $|c\tau + d|^s$ bzw. $|b_1\tau + b_2|^{-s}$ sind durch 1 zu ersetzen. Wir bezeichnen die so geänderten Gleichungen mit (3.9*, 10*, 12*). Sie gelten auf Grund der analytischen Fortsetzbarkeit (Satz 1) für alle s mit $\operatorname{Re} s > -\frac{1}{2}$ und lassen erkennen, daß sich die Funktionen (5.8) hinsichtlich ihrer Transformationseigenschaften für alle s mit $\operatorname{Re} s > -\frac{1}{2}$ so verhalten, als seien sie absolut konvergente Poincarésche Reihen der Differentialklasse $\mathfrak{K}$.

Die Untersuchung erfolgt in zwei Schritten: An erster Stelle wird gezeigt, daß das Skalarprodukt von G^* mit einer jeden ganzen Spitzenform φ der Klasse $\mathfrak{K}$ im Sinne von [2], §1 (für $\nu + \varkappa^* > 0$ sogar im Sinne absoluter Konvergenz) existiert und eine für $\operatorname{Re} s > -\frac{1}{2}$ reguläre analytische Funktion von s darstellt. Sodann wird dieses Skalarprodukt unter der Voraussetzung $s > 0$ (die die absolute Reihen-Konvergenz verbürgt) berechnet.

Zum ersten Schritt: Als Integrationsbereich des Metrisierungs-Integrals diene ein parazyklisch geschlossener Fundamentalbereich $\mathfrak{F}_0$ von Γ_0. Es handelt sich darum, von jedem der Teilintegrale über die σ_0 Spitzensektoren von $\mathfrak{F}_0$ nachzuweisen, daß es eine in $\operatorname{Re} s > -\frac{1}{2}$ reguläre analytische Funktion von s darstellt. Durch eine Transformation (3.12*) kann diese Aufgabe auf den Fall eines Spitzensektors $\mathfrak{B}_\infty$ zur Spitze ∞ zurückgeführt werden; man hat also

$$y^{\frac{s}{2}} G(s, \tau; A, \mathfrak{K}, \nu + \varkappa^*)\, \overline{\varphi(\tau)}$$

über den Durchschnitt $\mathfrak{B}_\vartheta$ von $\mathfrak{B}_\infty$ mit der Punktmenge $y \leqq \vartheta$ ($\vartheta > 1$) zu integrieren und dann ϑ gegen ∞ streben zu lassen. Für G benutze man die Darstellung (5.1) mit der Integralformel (5.3). Zerlegt man die (vollständige) rechte Seite von (5.1) in die Gliedersummen G^- mit $n + \varkappa \leqq 0$ und G^+ mit $n + \varkappa > 0$, so sieht man zunächst, daß

$$\iint\limits_{\mathfrak{B}_\vartheta} y^{\frac{s}{2}} G^- \overline{\varphi}\, dx\, dy \qquad (\vartheta > 1)$$

von ϑ nicht abhängt, also durch Einsetzen eines festen Wertes, etwa $\vartheta = 2$, berechnet werden kann und daher nach Satz 1 eine in $\operatorname{Re} s > -\frac{1}{2}$ reguläre analytische Funktion von s darstellt. Andrerseits enthält G^+ nur exponentiell mit y^{-1} gegen Null strebende Glieder, deren Summe auf jedem Bereiche (5.5) gleichmäßig absolut konvergiert. Daraus folgt der behauptete Sachverhalt auch für

$$\iint\limits_{\mathfrak{B}_\infty} y^{\frac{s}{2}} G^+ \overline{\varphi}\, dx\, dy\,,$$

womit das erste Ziel erreicht ist. Man erkennt im übrigen, daß man die letzte Betrachtung auch auf die volle Reihe G (anstelle von G^+) anwenden kann, wenn $\nu + \varkappa^* > 0$ ist.

Was den zweiten Schritt betrifft, so bemerken wir lediglich, daß sich das in [2], §2 dargestellte Verfahren wörtlich auf den vorliegenden Fall übertragen läßt, wenn $s > 0$ vorausgesetzt wird. Die dadurch für $s > 0$ entstehenden Formeln gelten für allgemeine Klassen $\mathfrak{K} = \{\Gamma_0, -2, v\}$, wo Γ_0 eine Grenzkreisgruppe von erster Art und v einen beliebigen geraden Abelschen Charakter vom Betrage 1 auf Γ_0 angibt; sie gelten dann sogar für komplexe s mit $\operatorname{Re} s > 0$.

Wir formulieren das Ergebnis als

Satz 4. *Bezeichnet $\varphi(\tau)$ eine beliebige ganze Spitzenform der Klasse $\mathfrak{K} = \{\Gamma_0, -2, v\}$ (Γ_0 Kongruenzgruppe, v Kongruenzcharakter auf Γ_0), so existieren die Skalarprodukte der sämtlichen Funktionen* (5.8) *G^* mit φ im Sinne Cauchyscher Hauptwerte für alle s in der Halbebene* $\operatorname{Re} s > -\frac{1}{2}$. *Im Falle $\nu + \varkappa^* > 0$ besteht diese Existenz-Aussage sogar im Sinne absoluter Konvergenz. Jedes dieser Skalarprodukte stellt eine in* $\operatorname{Re} s > -\frac{1}{2}$ *reguläre analytische Funktion von s dar. Diese verschwindet identisch für $\nu + \varkappa^* < 0$, während sie für* $\nu + \varkappa^* > 0$, $\operatorname{Re} s > -\frac{1}{2}$ *durch*

$$\left(G^*(s, *; A, \mathfrak{K}, \nu + \varkappa^*), \varphi(*); \Gamma_0\right) = 2\, N^{*^{2+\frac{s}{2}}} \frac{\Gamma\left(1+\frac{s}{2}\right)}{(4\pi)^{1+\frac{s}{2}}}\, \bar{v}(A)\, \bar{b}_{\nu+\varkappa^*}(A, \varphi)\, (\nu + \varkappa^*)^{-1-\frac{s}{2}}$$

gegeben ist.

Von diesem Satz wird später nur das Ergebnis über die Funktionen G mit $\nu + \varkappa^* < 0$ angewendet. Versteht man unter einer Normalfunktion der Klasse $\mathfrak{K}$ eine Modulform in $\mathfrak{K}$, die zu den ganzen Spitzenformen dieser Klasse orthogonal ist, so enthalten die Sätze 2 und 4 den wichtigsten Teil der Aussage:

Jede in $\mathfrak{H}$ reguläre Normalfunktion von $\mathfrak{K}$ gestattet eine Darstellung als Linear-Kompositum endlich vieler Nullwerte G, die etwa mit den A_j ($1 \leqq j \leqq \sigma_0$) aus (3.5) und gewissen $\nu + \varkappa_j \leqq 0$ gebildet werden können.

Zur vollständigen Begründung dieser Aussage hätte man lediglich noch die verallgemeinerten Eisenstein-Reihen (G mit $\nu = \varkappa^* = 0$) heranzuziehen. Diese lassen sich leicht einerseits auf $\wp$-Teilwerte zurückführen (vgl. [11], [6]), andrerseits nach dem oben mitgeteilten Verfahren als ganze Normalfunktionen ihrer Klasse kennzeichnen.

Dagegen ist die in dem zitierten Darstellungssatz vorausgesetzte Regularität der Normalfunktionen in $\mathfrak{H}$ eine wesentliche Einschränkung. Will man sie beseitigen, so muß man neben den Reihen G die Poincaréschen Reihen vom elliptischen Typus betrachten. Diese sind für die Klasse $\mathfrak{K}$ mit konvergenzerzeugenden Faktoren gemäß

$$\Psi(s, \tau; z, \mathfrak{K}, \nu) = \sum_{M \in \Gamma_0} \frac{1}{v(M)\,(m_1\tau + m_2)^2\, |m_1\tau + m_2|^s\, (M\tau - \bar{z})^2\, |M\tau - \bar{z}|^s} \left(\frac{M\tau - z}{M\tau - \bar{z}}\right)^{\nu}$$

anzusetzen. Hier bezeichnet z einen festen Punkt in $\mathfrak{H}$, ν eine ganze Zahl; für $\nu < 0$ muß τ den Punkten $\equiv z \bmod \Gamma_0$ in $\mathfrak{H}$ ausweichen.

Von diesen Ψ beweist man zunächst, daß sie als Funktionen von s in die Halbebene $\operatorname{Re} s > -\frac{1}{2}$ regulär-analytisch fortsetzbar sind und daß ihre Nullwerte in der Variablen τ analytische Modulformen der Klasse $\mathfrak{K}$ darstellen, die stets in allen Spitzen verschwinden. Die Ordnungen der Nullwerte in den Punkten von $\mathfrak{H}$ entsprechen dem Verhalten endlich vieler passend gewählter Glieder der formal für $s = 0$ gebildeten Reihe Ψ. Das Analogon von Satz 4 besagt im Falle $\nu < 0$ die Orthogonalität der Nullwerte zu den ganzen Spitzenformen von $\mathfrak{K}$. — Die Durchführung der Beweise gestaltet sich merklich komplizierter als bei den Poincaréschen Reihen G. Es ergibt sich aber die explizite Darstellung der allgemeinsten Normalfunktion aus $\mathfrak{K}$ als Linear-Kompositum von endlich vielen der oben genannten Nullwerte G und der mit gewissen z im Fundamentalbereich für $\nu < 0$ gebildeten Nullwerte Ψ.

6. Metrisierung und explizite Darstellung der Ableitungen multiplikativer Funktionen

Es bezeichne wie zuletzt Γ_0 eine Kongruenzgruppe, v einen (geraden) Kongruenzcharakter auf Γ_0, $\bar{N}$ eine Stufe von Γ_0 derart, daß $v(\bar{L}) = 1$ für alle $\bar{L}$ in $\Gamma[\bar{N}]$ zutrifft, $\bar{\mu}_0$ den Index $[\Gamma_0 : \Gamma[\bar{N}]]$. Wir betrachten die Schar $\mathfrak{N} = \mathfrak{N}(\mathfrak{K}_0)$ der in $\operatorname{Im} \tau > 0$ regulären Funktionen der Klasse $\mathfrak{K}_0 = \{\Gamma_0, 0, v\}$ [Vglc 2.] und daneben die Schar $\mathfrak{N}^* = \mathfrak{N}^*(\mathfrak{K})$ derjenigen Modulformen aus $\mathfrak{K} = \{\Gamma_0, -2, v\}$, deren konstante Glieder in den (Entwicklungen nach den Ortvariablen der) Spitzen verschwinden (vgl. [7], § 1; s. a. w. u.). Die Ableitungen der Funktionen von $\mathfrak{N}$ gehören zu $\mathfrak{N}^*$; dieser Sachverhalt ist i. a. nicht umkehrbar, wie man schon im Falle $v = 1$ aus der Einordnung der Funktionen von $\mathfrak{K}$ in die drei Differentialgattungen erkennt.

Wir wollen beweisen, daß die Ableitungen der Funktionen von $\mathfrak{N}$ Normalfunktionen ihrer Klasse $\mathfrak{K}$, d. h. zu den ganzen Spitzenformen der Klasse $\mathfrak{K}$ orthogonal sind. Es seien zunächst zwei Funktionen $f_1(\tau)$, $f_2(\tau)$ aus $\mathfrak{N}^*$ vorgelegt; man erhält für den Wert ihres Skalarproduktes, falls er existiert, nach [2], §1:

$$(6.1) \qquad (f_1, f_2; \Gamma_0) = \frac{1}{\bar{\mu}_0}(f_1, f_2; \Gamma[\bar{N}]).$$

Es genügt also, den Fall $v = 1$ zu untersuchen; dabei darf jetzt Γ_0 eine beliebige ($-I$ enthaltende) Untergruppe von endlichem Index der Modulgruppe sein.

Es bezeichne $\mathfrak{P}$ ein einfaches geschlossenes Polygon der hyperbolischen Geometrie in $\mathfrak{H}$, $\mathfrak{B}$ das Innere zuzüglich einer Teilmenge von $\mathfrak{P}$. Für irgend zwei durch

$$(6.2) \qquad w_i'(\tau) = f_i(\tau) \quad (i = 1,2)$$

bestimmte Abelsche Integrale w_i von f_i gilt nach bekannten Integralsätzen (vgl. [6], § 6):

$$(6.3) \qquad \int_{\mathfrak{P}} \bar{w}_1\, dw_2 = \int_{\mathfrak{P}} \bar{w}_1 f_2\, d\tau = 2i \iint_{\mathfrak{B}} \overline{f_1}(\tau) f_2(\tau)\, dx\, dy,$$

falls $\mathfrak{P}$ so durchlaufen wird, das $\mathfrak{B}$ dabei zur Linken liegt. Von einem parazyklisch geschlossenen Fundamentalbereich $\mathfrak{F}_0$ von Γ_0 mit den Spitzen $\zeta_j = A_j^{-1}\infty\, (A_j \subset \Gamma, 1 \leqq j \leqq \sigma_0$; vgl. 3.) schneide man die Spitzen ζ_j durch die Parazykel $\operatorname{Im} A_j \tau = \vartheta_j$ ($\vartheta_j > 1$) ab, indem man den Durchschnitt $\mathfrak{F}_0[\vartheta]$ von $\mathfrak{F}_0$ mit den sämtlichen Bereichen $\operatorname{Im} A_j \tau \leqq \vartheta_j$ bildet. Es sei $\mathfrak{b}_j$ der Durchschnitt von $\mathfrak{F}_0$ mit $\operatorname{Im} A_j \tau = \vartheta_j$, $\mathfrak{P}_0[\vartheta]$ der Rand von $\mathfrak{F}_0[\vartheta]$. Dann gilt (6.3) mit $\mathfrak{B} = \mathfrak{F}_0[\vartheta]$, $\mathfrak{P} = \mathfrak{P}_0[\vartheta]$.

Ist nun etwa f_1 die Ableitung einer Funktion F aus $\mathfrak{N}$, so werde $w_1 = F$ gewählt. Die Invarianz der Funktion $\bar{w}_1$ und der Differentialform $f_2 d\tau$ gegenüber den Substitutionen von Γ_0 ergibt

$$2i \iint_{\mathfrak{F}_0[\vartheta]} \bar{f}_1 f_2\, dx\, dy = \sum_{j=1}^{\sigma_0} \int_{\mathfrak{b}_j} \bar{F}(\tau) f_2(\tau)\, d\tau;$$

hier sind die $\mathfrak{b}_j$ im Sinne abnehmender $\operatorname{Re} A_j\tau$ zu durchlaufen. Die Entwicklungen von F und f_2 in den Spitzen ζ_j lassen sich mit $A = A_j$, $N = N_j$ einheitlich in der Gestalt (vgl.(5.6))

$$F(\tau) = F_A(A\tau) = \sum_{n=-n_0}^{\infty} b_n(A, F)\, u_N^n(A\tau)$$

$$f_2(\tau) = (a_1\tau + a_2)^{-2} f_{2,A}(A\tau) = (a_1\tau + a_2)^{-2} \sum_{n=-n_2}^{\infty} b_n(A, f_2)\, u_N^n(A\tau)$$

schreiben. Der Bogen $\mathfrak{b} = \mathfrak{b}_j$ wird durch

$$A\tau = \tau' = x' + i\vartheta \quad (\vartheta = \vartheta_j,\ \xi \leqq x' \leqq \xi + N)$$

dargestellt. Man findet daher mit passendem m_0

$$\int_{\mathfrak{b}} \bar{F}(\tau) f_2(\tau)\, d\tau = -\int_{x'=\xi}^{\xi+N} \overline{F_A}(\tau') f_{2,A}(\tau')\, d\tau' \qquad (\mathrm{Im}\,\tau' = \vartheta)$$

$$= -N \sum_{n=-m_0}^{\infty} \bar{b}_n(A,F)\, b_n(A,f_2) \exp\left(-4\pi n \frac{\vartheta}{N}\right).$$

Nach der Definition des Skalarproduktes $(f_2, F';\ \Gamma_0)$ als Cauchyscher Hauptwert (vgl. [2], §1) hat man hier einerseits die Grenzübergänge $\vartheta_j \to \infty$ $(1 \leqq j \leqq \sigma_0)$ zu vollziehen. Andrerseits besagt die vorauszusetzende Existenz des Skalarproduktes nach [2], Satz 1, daß alle

$$b_n(A_j, F)\, b_n(A_j, f_2) \quad (n < 0,\ 1 \leqq j \leqq \sigma_0)$$

verschwinden. So ergibt sich unter dieser Voraussetzung

$$(6.4) \qquad (F', f_2;\ \Gamma_0) = \pi \sum_{j=1}^{\sigma_0} \frac{N_j}{2\pi i}\, b_0(A_j, F)\, \overline{b_0}(A_j, f_2);$$

übrigens folgt aus dem Residuensatze [vgl. auch (6.4) mit $F = 1$]

$$\sum_{j=1}^{\sigma_0} \frac{N_j}{2\pi i}\, b_0(A_j, f_2) = 0,$$

daß die rechte Seite in (6.4) durch Addition einer Konstanten zu F nicht geändert wird.

Der obige Beweis dieser Formel (6.4) läßt sich sinngemäß wörtlich auf Grenzkreisgruppen von erster Art übertragen. Wir formulieren also

Satz 5. *Es sei Γ_0 eine Grenzkreisgruppe von erster Art mit parabolischen Substitutionen (z. B. eine Untergruppe von endlichem Index der Modulgruppe), $F(\tau)$ eine in der oberen Halbebene reguläre vollinvariante Funktion zu Γ_0, $f_2(\tau)$ irgendeine in der oberen Halbebene reguläre automorphe Form der Abelschen Differentialklasse $\{\Gamma_0, -2, 1\}$ derart, daß das Skalarprodukt $(F', f_2;\ \Gamma_0)$ existiert. Dann hat dieses Skalarprodukt den Wert (6.4), verschwindet also stets, wenn die konstanten Glieder von f_2 in den Spitzen sämtlich verschwinden (d. h. wenn f_2 von erster oder zweiter Gattung ist). Insbesondere ist demnach F' eine Normalfunktion ihrer Klasse $\{\Gamma_0, -2, 1\}$, d. h. zu allen Abelschen Differentialen von erster Gattung orthogonal.*

Daraus folgt vermöge (6.1):

Satz 6. *Es sei Γ_0 eine Kongruenzgruppe, v ein Kongruenzcharakter auf Γ_0, F eine in der oberen Halbebene reguläre multiplikative Funktion $\{\Gamma_0, 0, v\}$. Dann ist F' eine Normalfunktion ihrer Klasse $\mathfrak{K} = \{\Gamma_0, -2, v\}$, d. h. zu allen ganzen Spitzenformen aus $\mathfrak{K}$ orthogonal.*

Wir leiten jetzt die expliziten Darstellungen der in Satz 6 genannten multiplikativen Funktionen $F(\tau)$ ab. Es seien in den Bezeichnungen von 3.

$$(6.5) \qquad \sum_{0 < h + \varkappa_j \leqq n_{0j} + \varkappa_j} b_{-h-\varkappa_j}(A_j, F)\, u_{N_j}^{-h-\varkappa_j}(A_j\tau) \qquad (1 \leqq j \leqq \sigma_0)$$

die Hauptteile von $F(\tau)$ in den Spitzen $\zeta_j = A_j^{-1}\infty$ von $\mathfrak{F}_0$, also

$$(6.6) \quad (a_{j1}\tau + a_{j2})^{-2}\, (-2\pi i) \sum_{0 < h + \varkappa_j' \leqq n_{0j} + \varkappa_j'} \frac{h + \varkappa_j'}{N_j}\, b_{-h-\varkappa_j'}(A_j, F)\, u_{N_j}^{-h-\varkappa_j'}(A_j\tau)$$

die Hauptteile von $F'(\tau)$ in diesen Spitzen. Die gleichen Hauptteile (6.6) hat nach Satz 2

$$(6.7)\ \Lambda(\tau; F) = -\pi i \sum_{j=1}^{\sigma_0} v(A_j) \sum_{0 < h + \varkappa_j' \leqq n_{0j} + \varkappa_j'} b_{-h-\varkappa_j'}(A_j, F)\, \frac{h + \varkappa_j'}{N_j}\, G(\tau, A_j, \mathfrak{K}, -h - \varkappa_j')$$

Daher stellt $F'(\tau) - \Lambda(\tau, F)$ eine ganze Modulform der Klasse $\mathfrak{R}$ dar; überdies verschwinden ihre konstanten Glieder in den Spitzen. Nach Satz 4 und Satz 6 ist diese Modulform zu sich selbst orthogonal, also identisch Null. — Die hiermit bewiesene Formel

$$F'(\tau) = \Lambda(\tau; F) \tag{6.8}$$

bildet die analytische Grundlage aller späteren Entwicklungen. Für die Anwendungen fixieren wir die aus (6.8) resultierenden Darstellungen der Fourierkoeffizienten von F. Setzt man entsprechend (6.5), (3.8):

$$F(\tau) = \sum_{0 < h + \varkappa' \leq n_{01} + \varkappa'} b_{-h-\varkappa'}(I, F)\, u_N^{-h-\varkappa'} + \sum_{\substack{n=0 \\ n+\varkappa>0}}^{\infty} b_{n+\varkappa}(I, F)\, u_N^{n+\varkappa} \tag{6.9}$$

und

$$\begin{aligned} a_{n+\varkappa}(A, \mathfrak{R}, h + \varkappa^{*\prime}) &= -N \frac{h + \varkappa^{*\prime}}{N^*} v(A)\, \gamma_{n+\varkappa}(A, \mathfrak{R}, -h - \varkappa^{*\prime}) = \\ &= \sum_{\substack{m_1 \subset \mathfrak{T}(A, \Gamma_0) \\ m_1 > 0}} v(A)\, W_{m_1}(n + \varkappa, A, \mathfrak{R}, -h - \varkappa^{*\prime})\, f_1\left(\frac{4\pi}{m_1} \sqrt{\frac{(n+\varkappa)(h+\varkappa^{*\prime})}{NN^*}}\right), \end{aligned} \tag{6.10}$$

wo

$$f_1(z) = z\, I_1(z), \tag{6.11}$$

so ergibt sich schließlich

$$b_{n+\varkappa}(I, F) = \frac{1}{2(n+\varkappa)} \sum_{j=1}^{\sigma_0} \sum_{0 < h + \varkappa_j' \leq n_{0j} + \varkappa_j'} b_{-h-\varkappa_j'}(A_j, F)\, a_{n+\varkappa}(A_j, \mathfrak{R}, h + \varkappa_j'). \tag{6.12}$$

Analoge aus (6.12) durch Transformation zu erhaltende Darstellungen bestehen für die Entwicklungskoeffizienten $b_{n+\varkappa^{*\prime}}(A, F)$; denn man hat

$$b_{n+\varkappa^{*\prime}}(A, F) = b_{n+\varkappa^{*\prime}}(I, F \mid A^{-1}),$$

$$F \mid A^{-1} = F(\tau) \mid A^{-1} = F(A^{-1}\tau) \subset \{A\, \Gamma_0\, A^{-1}, 0, v'_{A^{-1}}\};$$

hier ist $A\, \Gamma_0\, A^{-1} = \Gamma_{0,A}$ eine Kongruenzgruppe (der gleichen Stufe wie Γ_0) und $v'_{A^{-1}}(ALA^{-1}) = v(L)$ (L in Γ_0) ein Kongruenzcharakter auf $\Gamma_{0,A}$.

Wir formulieren den analytischen Hauptsatz als

Satz 7. (Γ_0, v, F *wie in Satz* 6). *Die durch* (6.9) *definierten Fourier-Koeffizienten* $b_{n+\varkappa}(I, F)$ $(n + \varkappa > 0)$ *gestatten die explizite Darstellung* (6.12) *als lineare Komposita der in* (4.3), (6.10,11) *erklärten Ausdrücke* $a_{n+\varkappa}$; *die von n unabhängigen Koeffizienten dieser Linear-Komposita bestimmen sich aus den Hauptteilen* (6.5) *von F in den Spitzen eines Fundamentalbereiches von* Γ_0.

7. Asymptotisches Verhalten der Fourier-Koeffizienten

Darstellungen vom Typus (6.7,8) bestehen für diejenigen und nur diejenigen Funktionen $\Phi(\tau)$, deren Ableitungen $\Phi'(\tau)$ der gegebenen multiplikativen Differentialklasse $\mathfrak{R} = \{\Gamma_0, -2, v\}$ angehören, in keiner Spitze von Γ_0 ein von Null verschiedenes konstantes Glied besitzen und überdies Normalfunktionen ihrer Klasse $\mathfrak{R}$ sind. Man kann diese Φ' — abgesehen von ihrer Orthogonalitäts-Eigenschaft — als Differentiale zweiter Gattung in $\mathfrak{R}$ bezeichnen. Ihre Fourier-Koeffizienten ($b_{n+\varkappa}(I, \Phi)$ in der obigen Terminologie (6.9)) lassen sich wie folgt ausdrücken: Es gibt eine nicht leere Menge $\mathfrak{g}$ natürlicher Zahlen g mit $1 \leqq g \leqq \sigma_0$, zu jedem g in $\mathfrak{g}$ ein ganzes $n_{0g} > -\varkappa_g'$ und eine Menge $\mathfrak{h}_g$ ganzer h mit $0 < h + \varkappa_g \leqq n_{0g} + \varkappa_g'$, schließlich zu jedem Paar ganzer g, h mit $g \subset \mathfrak{g}$, $h \subset \mathfrak{h}_g$ ein komplexes $\xi_{gh} \neq 0$ derart, daß für alle ganzen $n > -\varkappa$ (vgl. (6.10))

$$c_{n+\varkappa} = b_{n+\varkappa}(I, \Phi) = \frac{1}{2(n+\varkappa)} \sum_{g \subset \mathfrak{g}} \sum_{h \subset \mathfrak{h}_g} \xi_{gh}\, a_{n+\varkappa}(A_g, \mathfrak{K}, -h - \varkappa_g'). \tag{7.1}$$

Wir untersuchen diese $c_{n+\varkappa}$ auf ihr asymptotisches Verhalten für $n \to \infty$, indem wir uns zunächst die verschiedenen unter den Zahlen

$$\frac{c_{gh}}{m_1} = \frac{4\pi}{m_1} \sqrt{\frac{h + \varkappa_g'}{N N_g}} > 0 \quad (g \subset \mathfrak{g};\ m_1 \subset \mathfrak{T}(A_g, \Gamma_0),\ m_1 > 0;\ h \subset \mathfrak{h}_g) \tag{7.2}$$

nach abnehmender Größe geordnet denken; es seien dies

$$\varrho_1 > \varrho_2 > \cdots > \varrho_k > \varrho_{k+1} > \cdots$$

Zu gegebenem natürlichen k bilden wir sodann den Ausdruck

$$X_k(n+\varkappa, \Phi) = \sum_{\{g, h\}_k} \xi_{gh}\, v(A_g)\, W_{m_1}(n+\varkappa, A_g, \mathfrak{K}, -h - \varkappa_g'), \tag{7.3}$$

dessen Summationsbedingung soviel bedeutet wie

$$\frac{c_{gh}}{m_1} = \varrho_k \quad (g \subset \mathfrak{g};\ m_1 \subset \mathfrak{T}(A_g, \Gamma_0),\ m_1 > 0;\ h \subset \mathfrak{h}_g). \tag{7.4}$$

In diesen Bezeichnungen gilt nun

$$c_{n+\varkappa} = \frac{1}{2(n+\varkappa)} \sum_{k=1}^{\infty} X_k(n+\varkappa, \Phi)\, f_1(\varrho_k \sqrt{n+\varkappa}). \tag{7.5}$$

Es seien $m_{1\nu}(k)$ $(1 \leqq \nu \leqq \beta_k)$ die bei gegebenem k in (7.4) auftretenden verschiedenen m_1. Wir beweisen die Existenz positiver Konstanten $C_i = C_i(\mathfrak{K}, \Phi)$ $(i = 2, 3, 4, 5)$ derart, daß für alle $k \geqq 1$

$$C_2 \leqq k\varrho_k \leqq C_3, \quad C_4 \leqq \frac{k}{m_{1\nu}(k)} \leqq C_5 \quad (1 \leqq \nu \leqq \beta_k). \tag{7.6}$$

Die zweite Doppelungleichung folgt aus der ersten. Offenbar ist k die Anzahl der verschiedenen $\frac{c_{gh}}{m_1}$, die unter den eingeklammerten Bedingungen (7.4) $\geqq \varrho_k$ sind, also höchstens gleich der Anzahl aller natürlichen m_1, die für g in $\mathfrak{g}$, h in $\mathfrak{h}_g$ höchstens gleich $\frac{c_{gh}}{\varrho_k}$ sind, wenn verschiedene Paare $\{g, h\}$ verschieden gezählt werden. Daher ist $k\varrho_k$ nach oben beschränkt. Um eine untere Schranke abzuleiten, benutze man, daß, weil Γ_0 Kongruenzgruppe ist, jedes $\mathfrak{T}(A, \Gamma_0)$ eine volle Restklasse nach einem passenden festen Modul $\overline{N}$ enthält. Zu jedem festen Paar $\{g, h\}$ $(g \subset \mathfrak{g}, h \subset \mathfrak{h}_g)$ gibt es also ein ganzes a mit

$$1 \leqq a \leqq \overline{N}, \qquad \varrho_k \geqq \frac{c_{gh}}{a + (k-1)\overline{N}} \geqq \frac{c_{gh}}{k\overline{N}}.$$

Damit ist (7.6) bewiesen. Nach (4.14) existiert folglich zu jedem $\varepsilon > 0$ eine positive Konstante $C_6 = C_6(\mathfrak{K}, \Phi, \varepsilon)$ derart, daß

$$|X_k(n+\varkappa, \Phi)| \leqq C_6\, k^{\frac{1}{2}+\varepsilon} \tag{7.7}$$

und demgemäß, wenn auch noch $\alpha > 0$ vorgegeben wird, eine weitere solche Konstante $C_7 = C_7(\mathfrak{K}, \Phi, \alpha, \varepsilon)$ derart, daß (vgl. (5.7), (6.11))

$$\left| c_{n+\varkappa} - \frac{1}{2(n+\varkappa)} \sum_{1 \leqq k \leqq \alpha\sqrt{n+\varkappa}} X_k(n+\varkappa, \Phi)\, f_1(\varrho_k \sqrt{n+\varkappa}) \right| \leqq C_7\, (n+\varkappa)^{-\frac{1}{4}+\varepsilon}. \tag{7.8}$$

Ähnliche Aussagen wie (7.8) hat man vielfach als asymptotische Entwicklungen der jeweils untersuchten $c_{n+\varkappa}$ für $n \to \infty$ aufgefaßt. Das ist insofern (eingeschränkt) zulässig, als die $f_1(\varrho_k \sqrt{n+\varkappa})$ wegen (vgl. [8])

$$f_1(z) \sim \sqrt{\frac{z}{2\pi}}\, e^z \quad (z > 0,\ z \to +\infty) \tag{7.9}$$

mit zunehmendem k in ihrer Größenordnung für $n + \varkappa \to \infty$ steil abfallen; dabei läßt man jedoch den Einfluß der X_k, in denen sich die arithmetische Struktur der $c_{n+\varkappa}$ lokalisiert, außer Betracht. Streng genommen kann man nur unter Berücksichtigung der X_k, also nur dann von einer (echten) asymptotischen Entwicklung sprechen, wenn die Glieder

$$H_k(n+\varkappa, \Phi) = X_k(n+\varkappa, \Phi)\, f_1(\varrho_k \sqrt{n+\varkappa})$$

der Summe in (7.8) zunächst folgende Eigenschaft haben: Ist $1 \leqq k < l$, $n + \varkappa > 0$ und

$$X_k(n+\varkappa, \Phi) \neq 0 \neq X_l(n+\varkappa, \Phi) \tag{7.10}$$

für die n einer unendlichen Folge F, so strebt $H_l(n+\varkappa, \Phi)\,(H_k(n+\varkappa, \Phi))^{-1}$ gegen Null, wenn n die Folge F durchläuft. Sodann ist diese Forderung, falls sich die asymptotische Entwicklung bis zu einer mit n ins Unendliche wachsenden Summationsgrenze $K_{n+\varkappa}$ für die k erstreckt, entsprechend dahin zu erweitern, daß auch mit (7.10) verträgliche Werte k, l ($\leqq K_{n+\varkappa}$) zuzulassen sind, die von n abhängen und mit n über alle Grenzen wachsen.

Zu diesem Thema ist folgendes zu sagen:

a) Bei festem k stellt $X_k(n+\varkappa, \Phi)$ eine periodische Funktion von n mit der Periode

$$N\,\overline{m}(k) = N[m_{11}(k), m_{12}(k), \ldots, m_{1\beta_k}(k)] = N \operatorname*{kgV}_{1 \leqq \nu \leqq \beta_k}(m_{1\nu}(k)) \tag{7.11}$$

dar, hat also einen endlichen Wertevorrat; daher existiert, wenn $X_k(n+\varkappa, \Phi)$ nicht identisch in n verschwindet, ein $\mu_k = \mu_k(\Phi) > 0$ derart, daß

$$|X_k(n+\varkappa, \Phi)| \geqq \mu_k, \quad \text{wenn } X_k(n+\varkappa, \Phi) \neq 0.$$

Für mindestens ein k verschwindet $X_k(n+\varkappa, \Phi)$ nicht identisch in n, hat also für ein festes solches k und die $n > -\varkappa$ einer gewissen Restklasse den gleichen von Null verschiedenen Wert.

Ebenso stellt der Vektor $\mathfrak{X}^{(K)}(n+\varkappa, \Phi)$ mit den Komponenten $X_k(n+\varkappa, \Phi)$ ($k = 1, 2, \cdots, K$) eine periodische Vektorfunktion von n mit einer gewissen Periode $N\overline{m}^*(K)$ dar, und es gibt ein $\mu_K^* = \mu_K^*(\Phi) > 0$ derart, daß

$$|X_k(n+\varkappa, \Phi)| \geqq \mu_K^*$$

für alle ganzen k, n mit $1 \leqq k \leqq K$, $n + \varkappa > 0$, $X_k(n+\varkappa, \Phi) \neq 0$. Liegt K oberhalb einer gewissen nur von Φ abhängigen Schranke, so hat der Vektor $\mathfrak{X}^{(K)}(n+\varkappa, \Phi)$ für alle $n > -\varkappa$ einer gewissen Restklasse den gleichen vom Nullvektor verschiedenen Wert.

Hieraus geht hervor, daß man für jedes feste ganze $K \geqq 1$ in der Gestalt

$$c_{n+\varkappa} = \frac{1}{2(n+\varkappa)} \sum_{k=1}^{K} X_k(n+\varkappa, \Phi)\, f_1(\varrho_k \sqrt{n+\varkappa}) + O\left((n+\varkappa)^{-1} f_1(\varrho_{K+1} \sqrt{n+\varkappa})\right) \tag{7.12}$$

eine im obigen Sinne echte asymptotische Entwicklung für $n \to \infty$ gewinnt. Die Konstante im Symbol O hängt höchstens von $\mathfrak{K}$, Φ, K ab.

b) Läßt man K mit n gegen Unendlich streben, so werden die relativen Wachstums-Eigenschaften der $H_k(n+\varkappa, \Phi)$ zunehmend unübersichtlicher. Jedoch gilt

Satz 8. *Es gibt unendlich viele k derart, daß $X_k(n+\varkappa, \Phi)$ nicht identisch in n verschwindet.*

Beweis (indirekt): Wir nehmen an, es sei $X_k(n+\varkappa, \Phi)$ für alle $k \geqq K+1$ und alle $n > -\varkappa$ gleich Null. Der Darstellung (7.1) entspricht

$$\Phi'(\tau) = \sum_{g \subset \mathfrak{g}} \sum_{h \subset \mathfrak{h}_g} v(A_g)\, \eta_{gh}\, G(\tau, A_g, \mathfrak{K}, -h-\varkappa'_g) \tag{7.13}$$

mit

$$\eta_{gh} = -\pi i \frac{h+\varkappa'_g}{N_g} \xi_{gh}. \tag{7.14}$$

Man bilde nun die Funktionen

$$G^*_K(\tau, A_g, \mathfrak{K}, -h-\varkappa'_g) = \sum_{\substack{M \subset \mathfrak{S}(A_g, \Gamma_0) \\ 0 < \varrho_K |m_1| \leqq \varrho_{gh}}} \frac{\exp\left(-2\pi i (h+\varkappa'_g) \frac{M\tau}{N_g}\right)}{v(M)(m_1\tau+m_2)^2},$$

$$\Psi_K(\tau) = \sum_{g \subset \mathfrak{g}} \sum_{h \subset \mathfrak{h}_g} v(A_g)\, \eta_{gh}\, G^*_K(\tau, A_g, \mathfrak{K}, -h-\varkappa'_g).$$

Nach der obigen Annahme und (7.1,3,4,5) stimmen die Fourier-Koeffizienten dieser Funktion $\Psi_K(\tau)$ mit denen von $\Phi'(\tau)$ überein, wofern deren gemeinsamer Index $n+\varkappa > 0$ ist: Man hat

$$b_{n+\varkappa}(I, \Psi_K) = b_{n+\varkappa}(I, \Phi') \qquad (n+\varkappa > 0).$$

Daraus folgt, daß $\Phi' - \Psi_K$ eine elementare ganze Funktion von τ darstellt, daß sich also Φ' in die untere τ-Halbebene analytisch fortsetzen läßt, was im Widerspruch zu dem bekannten analytischen Verhalten von Φ' steht.

c) Man kann eine — allerdings sehr schwache — Abschätzung der $X_k(n+\varkappa, \Phi)$ nach unten ableiten, die in den Fällen $X_k(n+\varkappa, \Phi) \neq 0$ und unter der Voraussetzung gilt, daß alle ξ_{gh} in algebraischem Verhältnis zueinander stehen. Unter dieser Voraussetzung existiert ein komplexes $\xi_0 \neq 0$ derart, daß alle $\xi_0 \xi_{gh} = \xi^*_{gh}$ ganze algebraische Zahlen sind. Da sich die $v(A_g)$ in (7.3) gegen die Werte v^{-1} in (4.3) herausheben, kann ohne Änderung der X_k und soll $v(A_g) = 1$ angenommen werden. Danach ist

$$\xi_0 X_k(n+\varkappa, \Phi) = \sum_{\{g,h\}_k} \xi^*_{gh} W_{m_1}(n+\varkappa, A_g, \mathfrak{K}, -h-\varkappa'_g).$$

Es sei $\mathfrak{Z}$ der algebraische Zahlkörper, der durch Adjunktion der ξ^*_{gh} zum Körper der rationalen Zahlen entsteht. Da alle W_{m_1} ganze Zahlen im Körper der Einheitswurzeln der Ordnung $m_1 \bar{N}_1$ sind (vgl. 4.), wo $\bar{N}_1$ ein durch $\mathfrak{K}$ eindeutig bestimmtes Multiplum von $\bar{N}$ bezeichnet, ist $\xi_0 X_k(n+\varkappa, \Phi)$ eine ganze Zahl im Körper $\mathfrak{Z}\left(\exp\left(\frac{2\pi i}{\bar{m}(k)\bar{N}_1}\right)\right)$. Die algebraischen Konjugierten der W_{m_1} lassen sich offenbar ebenfalls als Summen der Gestalt (4.3) schreiben; der Übergang zu diesen Konjugierten bedeutet lediglich, daß v durch einen anderen Kongruenzcharakter (mit dem gleichen $\bar{N}$) ersetzt wird, und daß die Parameter $n+\varkappa$, $h+\varkappa'_g$ einen zu $\bar{m}(k)\,\bar{N}_1$ primen Faktor aufnehmen. Daher erfüllen sie sämtlich die Ungleichung (4.14) und die algebraischen Konjugierten von $\xi_0 X_k(n+\varkappa, \Phi)$ sämtlich die Ungleichung (7.7). Dies gibt in Verbindung mit einer Gradabschätzung die Ungleichung

$$|X_k(n+\varkappa, \Phi)| \geqq C_8\, k^{-(\frac{1}{2}+\varepsilon)\{z_0 \varphi(\bar{m}(k)\bar{N}_1)-1\}}, \text{ wenn } X_k(n+\varkappa, \Phi) \neq 0, \tag{7.15}$$

wo z_0 den absoluten Grad von $\mathfrak{Z}$, $C_8 = C_8(\Phi, \mathfrak{K}, \varepsilon) > 0$ eine Konstante und φ die Eulersche Funktion bezeichnet. Die hier unterstellte Voraussetzung ist bei den eingangs formulierten Partitionenproblemen sowie bei noch viel weiter verallgemeinerten Problemen dieser Art stets erfüllt. Wir setzen sie weiterhin als erfüllt voraus.

d) Zur Untersuchung des Quotienten $H_l(n+\varkappa, \Phi)\,(H_k(n+\varkappa, \Phi))^{-1}$ bedarf es einer Abschätzung von $\varrho_k - \varrho_l$ nach unten. Wir bezeichnen mit $C_i = C_i(\mathfrak{K}, \Phi)$ $(i = 10, \cdots, 17)$ positive Konstanten, die nur von $\mathfrak{K}$ und Φ abhängen und schreiben

$$\varrho_k = \frac{c_{gh}}{m_{11}(k)}, \quad \varrho_l = \frac{c_{ij}}{m_{11}(l)} \qquad (k < l).$$

Stehen erstens c_{gh} und c_{ij} (d. h. ϱ_k und ϱ_l) in rationalem Verhältnis zueinander, so bestimmen wir ein positives c' und ganze a, b, die sämtlich nur von $\mathfrak{K}$ und Φ abhängen, derart, daß $c_{gh} = c'a$, $c_{ij} = c'b$. Dann findet sich nach (7.6)

$$0 < \varrho_k - \varrho_l = c'\left(\frac{a}{m_{11}(k)} - \frac{b}{m_{11}(l)}\right) \geqq \frac{C_{10}}{k\,l} > \frac{C_{10}}{l^2}.$$

Im anderen Fall gibt es ein $c'' > 0$ und natürliche Zahlen a', b' mit irrationaler $\sqrt{\frac{a'}{b'}}$, die sämtlich nur von $\mathfrak{K}$ und Φ abhängen, derart, daß nach (7.2)

$$c_{gh} = c''\sqrt{a'}, \quad c_{ij} = c''\sqrt{b'};$$

aus (7.6) folgt

$$0 < \varrho_k - \varrho_l = \frac{\varrho_k^2 - \varrho_l^2}{\varrho_k + \varrho_l} > \frac{c''^2}{2\varrho_k}\left(\frac{a'}{m_{11}^2(k)} - \frac{b'}{m_{11}^2(l)}\right) \geqq \frac{C_{11}}{kl^2} > \frac{C_{11}}{l^3}.$$

Nach (7.2) liegen die Quotienten $m_{1\nu'}(k)\,m_{1\nu}^{-1}(k)$ $(\nu, \nu' = 1, 2, \cdots, \beta_k)$ in einer festen (nur von $\mathfrak{K}$ und Φ abhängigen) Menge positiver rationaler Zahlen. Daraus schließt man vermöge (7.6), daß auch $k^{-1}\overline{m}(k)$ beschränkt ist, so daß zunächst

$$z_0\,\varphi(\overline{N}_1\,\overline{m}(k)) \leqq C_{12}k$$

zutrifft; der Faktor $\frac{1}{2} + \varepsilon$ im Exponenten in (7.14) kann ohne Verlust durch 1 ersetzt werden, was auf die Anwendung der trivialen Ungleichung (4.4) beim Beweise von (7.7) hinausläuft. Es gilt also

$$|X_k(n+\varkappa, \Phi)| \geqq C_{13}\,k^{-C_{12}k}, \text{ wenn } X_k(n+\varkappa, \Phi) \neq 0,\ n+\varkappa > 0$$

und daher für $1 \leqq k < l$

$$(7.16) \qquad \left|H_l(n+\varkappa, \Phi)\,(H_k(n+\varkappa, \Phi))^{-1}\right| \leqq C_{14}\,l\,k^{C_{12}k}\,e^{(\varrho_l - \varrho_k)\sqrt{n+\varkappa}} \leqq$$

$$\leqq C_{14}\exp\left(C_{15}\,l\log l - C_{16}\frac{\sqrt{n+\varkappa}}{l^{\vartheta}}\right),$$

wo $\vartheta = 2$, wenn $\varrho_k^{-1}\varrho_l$ rational, $\vartheta = 3$ andernfalls. Hieraus erhält man leicht eine Summationsgrenze für die asymptotische Entwicklung (7.12), bis zu der die oben aufgestellte Forderung der „Echtheit" erfüllt ist. Wir formulieren das Ergebnis als

Satz 9. *Es sei $\Phi(\tau)$ das Integral einer in der oberen τ-Halbebene regulären Modulform der Klasse $\mathfrak{K} = \{\Gamma_0, -2, v\}$ mit folgenden Eigenschaften:*

α. $\Phi'(\tau)$ hat in keiner Spitze ein von Null verschiedenes konstantes Glied,

β. $\Phi'(\tau)$ ist zur vollen Schar der ganzen Spitzenformen aus $\mathfrak{K}$ orthogonal,

γ. Die Hauptteil-Koeffizienten von $\Phi'(\tau)$ in den Spitzen von Γ_0 stehen zueinander sämtlich in algebraischem Verhältnis.

Dann bestehen (und zwar unabhängig davon, ob γ. zutrifft) für Φ' und die Fourier-Koeffizienten $c_{n+\varkappa}$ von Φ die Darstellungen (7.13,14,1,5), für $c_{n+\varkappa}$ die asymptotischen Formeln (7.8,12). Von diesen ist (7.12) eine im oben dargelegten Sinne echte asymptotische Entwicklung, wenn auch noch γ. zutrifft und die Summationsgrenze $K = K_{n+\varkappa}$ einer Abschätzung

$$(7.17) \qquad K_{n+\varkappa} \leqq C_{17}(n+\varkappa)^{\gamma}\log^{-\lambda}(n+\varkappa) \qquad (n+\varkappa \textit{ hinreichend groß})$$

genügt, wo $C_{17} > 0$ *nur von* $\mathfrak{K}$ *und* Φ *abhängt und* λ, γ *folgendermaßen zu bestimmen sind: Stehen die den Hauptteilen der Modulform* Φ' *gemäß* (7.1, 2) *zugeordneten Zahlen* $\sqrt{\frac{h+\varkappa_g'}{N_g}}$ *sämtlich in rationalem Verhältnis zueinander, so sei* $\gamma = \frac{1}{6}, \lambda > \frac{1}{3}$. *Im anderen Falle sei* $\gamma = \frac{1}{8}, \lambda > \frac{1}{4}$.

Man könnte auf den Gedanken kommen, die hier diskutierten asymptotischen Entwicklungen dadurch auf elementare Gestalt zu bringen, daß man die asymptotische Entwicklung der Besselschen Funktion $f_1(z) = z\, I_1(z)$ heranzieht: Nach [8] ist

$$f_1(z) = z\, I_1(z) \sim e^z \sqrt{\frac{z}{2\pi}} \sum_{l=0}^{\infty} \frac{\lambda_l}{(2z)^l}$$

mit

$$\lambda_l = \frac{1}{2^{2l}\, l!} \prod_{\nu=1}^{l} \left((2\nu-1)^2 - 4\right) \text{für } l \geqq 1, \; \lambda_0 = 1.$$

Dabei entsteht jedoch durch eine zweite Summenbildung eine erhebliche formale Komplikation, die deutlich macht, daß die Reduktion auf eine elementare Gestalt dem Problem nicht wirklich angemessen ist. Für diese Auffassung spricht noch mehr der Umstand, daß das Hauptgewicht der genannten Darstellungen auf den arithmetischen Exponentialsummen $X_k(n+\varkappa, \Phi)$ ruht. Als wesentliche Eigenschaft der asymptotischen Entwicklungen hat man anzusehen, daß diese X_k vermöge des steilen Anwachsens der $f_1(\varrho_k \sqrt{n+\varkappa})$ noch für sehr große Werte von k wirksam getrennt werden.

Mit diesen Darlegungen stehen wir am Ende der Diskussion des allgemeinen Problems, das, wie wir gesehen haben, die Normalfunktionen der multiplikativen Differentialklassen zu Kongruenzgruppen und Kongruenzcharakteren betraf. Alles weitere gilt den Anwendungen der bis jetzt gewonnenen Resultate auf Partitionenprobleme von der unter 1. genannten Beschaffenheit. Die Art dieser Anwendungen ist prinzipiell eindeutig bestimmt und beruht auf dem in 2. beschriebenen Koeffizientenvergleich. Das Ergebnis ist durch Einsetzen der Daten der speziellen, mit einer Partitionenanzahl verknüpften multiplikativen Funktion $F(\tau)$ in die allgemeinen Schlußformeln (6.9—12) zu erhalten; als Daten sind dabei anzusehen:

1. Die Kongruenzgruppe Γ_0 und der Kongruenzcharakter v von $F(\tau)$; da die Differentiale von erster Gattung aus den allgemeinen Schlußformeln durch die Metrisierung eliminiert werden, braucht man von Γ_0 neben dem Bildungsgesetz der Matrizenelemente nur ein volles System inkongruenter Spitzen zu kennen; sogar die Bestimmung des Geschlechts von Γ_0 ist überflüssig.

2. Die Hauptteile von $F(\tau)$ in diesen Spitzen (vgl. (6.12)).

Das hiermit beschriebene Verfahren gestattet nun bei jedem Problem offenbar unendliche viele Realisierungen, weil Γ_0 durch irgendeine in Γ_0 enthaltene Kongruenzgruppe ersetzt werden kann. Von diesen Realisierungen sind zwei als (gewissermaßen) extrem hervorzuheben:

A. Liegt ein einzelnes Problem oder eine eng begrenzte (parameterarme) Klasse von Problemen vor, so bestimme man für die zugehörige Funktion $F(\tau)$ bzw. für das der Problemklasse entsprechende System der zugehörigen Funktionen $F(\tau)$ die maximale Untergruppe Γ_0 von Γ, für die das einzelne $F(\tau)$ bzw. jedes $F(\tau)$ des Systems die Eigenschaften einer multiplikativen Funktion hat.

B. Will man dagegen eine weitreichende Klasse von Problemen gemeinsam behandeln, so fasse man diejenigen dieser Probleme zusammen, denen multiplikative Funktionen der Hauptkongruenzgruppe $\Gamma\,[N]$ für ein festes N entsprechen — ohne Rücksicht darauf, daß speziellen dieser Probleme multiplikative Funktionen zugeordnet sind, deren maximale Gruppen Γ_0 Obergruppen der $\Gamma\,[N]$ von hohem Index sind.

Der Hauptunterschied in den Ergebnissen rührt daher, daß diese um so einfacher strukturiert sind, je weniger Spitzen die verwendete Gruppe Γ_0 besitzt. Es kommt bei Einordnungen vom Typus A. vor, daß man auf spezielle Gruppen Γ_0 geführt wird, deren Spitzenanzahl σ_0 einen festen Wert hat, obwohl die genauen Stufen dieser Γ_0 über alle Grenzen wachsen. So sind die in (1.3) auftretenden Partitionenanzahlen $\pi_n^{\pm}(k, q)$ ($N = q$, q Primzahl $\equiv 1 \bmod 4$) im Sinne von A. mit gewissen Kongruenzgruppen der genauen Stufe q verknüpft, deren Spitzenanzahl $\sigma_0 = 4$ ist.

In der vorliegenden Abhandlung werden die sehr allgemeinen Partitionenprobleme vom Typus (1.5, 6) diskutiert, und es liegt daher das unter B. genannte Prinzip zu Grunde. Dieses liefert in konkreten Fällen zwar manchmal schlechtere Fehlerabschätzungen, als man sie bei Benutzung der maximalen Gruppe des betreffenden Problems erhielte; da die Abschätzungen aber, welches Verfahren man immer anwendet, einem sehr steilen Abfall der Größenordnung entsprechen, kann zu Gunsten der Allgemeinheit auf eine Verschärfung verzichtet werden.

Über die sehr reizvollen Einzelheiten des nach dem Prinzip A. zu behandelnden Problems der $\pi_n^{\pm}(k, q)$ werde ich andeutungsweise am Ende von § 9, genauer an anderer Stelle berichten.

8. Die Teilwerte der elliptischen Funktion $\vartheta_1(v, \tau)$

Wir erinnern an die Bezeichnung (5.6) und setzen in Übereinstimmung mit der üblichen Schreibweise, indem wir vorübergehend unter v eine komplexe Variable verstehen (vgl. [9]):

$$\eta(\tau) = u_{24} \prod_{m=1}^{\infty} (1 - u_1^m), \quad \eta^{24}(\tau) = \Delta(\tau), \tag{8.1}$$

$$\begin{aligned} \vartheta_1(v, \tau) &= i \sum_{n=-\infty}^{+\infty} (-1)^n \exp\left(\pi i \left(n - \frac{1}{2}\right)^2 \tau + 2\pi i \left(n - \frac{1}{2}\right) v\right) \\ &= -i\, u_8 \,(e^{\pi i v} - e^{-\pi i v}) \prod_{m=1}^{\infty} (1 - u_1{}^m)(1 - e^{2\pi i v} u_1{}^m)(1 - e^{-2\pi i v} u_1{}^m). \end{aligned} \tag{8.2}$$

Das Verhalten dieser Funktionen bei Anwendung gewisser Transformationen auf ihre Variablen ist wie folgt zu beschreiben: Man definiere $\arg(m_1 \tau + m_2)$ und $\sqrt{m_1 \tau + m_2}$ für reelle m_1, m_2 mit $m_1^2 + m_2^2 > 0$ und komplexes τ mit $y = \operatorname{Im} \tau > 0$ durch

$$-\pi < \arg(m_1 \tau + m_2) \leqq +\pi \qquad (\{m_1, m_2\} \neq \{0, 0\},\ y > 0) \tag{8.3}$$

und setze

$$\xi_m = \exp \frac{\pi i}{m} \quad \text{für natürliches } m. \tag{8.4}$$

Dann gilt für jedes $S = \begin{pmatrix} a & b \\ c & d \end{pmatrix}$ in Γ

$$\eta(S\tau) = \lambda(S) \sqrt{c\tau + d}\; \eta(\tau) \tag{8.5}$$

mit gewissen Konstanten (Multiplikatoren) $\lambda(S)$, deren spezielle Werte

$$\lambda(U) = \xi_{12}, \ \lambda(T) = \xi_4^{-1}, \ \lambda(-I) = -\xi_2 = -i$$

wohlbekannt sind. Der allgemeine Ausdruck für $\lambda(S)$ läßt sich aus den Dedekindschen Formeln (vgl. [10]) ableiten und anders als dort einheitlich darstellen. Man verwendet dazu die Jacobischen Symbole

$$\left(\frac{a}{b}\right)^{*} = \left(\frac{a}{|b|}\right), \left(\frac{a}{b}\right)_{*} = \left(\frac{a}{b}\right)^{*} (-1)^{\frac{\operatorname{sgn} a - 1}{2} \frac{\operatorname{sgn} b - 1}{2}},$$

wo a und b ganz, $(a, b) = 1$, $b \equiv 1 \bmod 2$ und $\operatorname{sgn} a = 1$ für $a = 0$. Es ergibt sich

$$\lambda(S) = \left\{ \begin{array}{ll} \left(\frac{d}{c}\right)^{*} \xi_4^{-c} \xi_{12}^{(a+d)c - bd(c^2-1)} & \text{für } c \equiv 1 \bmod 2 \\ \left(\frac{c}{d}\right)_{*} \xi_4^{d-1-cd} \xi_{12}^{(a+d)c - bd(c^2-1)} & \text{für } d \equiv 1 \bmod 2 \end{array} \right\}. \tag{8.6}$$

Die Funktion $\vartheta_1(v, \tau)$ genügt folgenden Relationen:

$$\vartheta_1(-v, \tau) = -\vartheta_1(v, \tau), \tag{8.7}$$

$$\vartheta_1(v + h\tau + h', \tau) = (-1)^{h+h'} e^{-\pi i h^2 \tau - 2\pi i h v} \vartheta_1(v, \tau) \quad (h, h' \text{ ganz}), \tag{8.8}$$

$$\vartheta_1\left(\frac{v}{c\tau + d}, S\tau\right) = \lambda^3(S) \sqrt{c\tau + d} \exp\left(\frac{\pi i c}{c\tau + d} v^2\right) \vartheta_1(v, \tau) \quad (S \text{ in } \Gamma). \tag{8.9}$$

Setzt man also (vgl. (8.1, 2))

$$\begin{aligned} W(v, \tau) &= \eta^{-1}(\tau)\, \vartheta_1(v, \tau) = \\ &= -i\, u_{12} (e^{\pi i v} - e^{-\pi i v}) \prod_{m=1}^{\infty} (1 - e^{2\pi i v} u_1^m)(1 - e^{-2\pi i v} u_1^m), \end{aligned} \tag{8.10}$$

so gelten (8.7) und (8.8) auch für $W(v, \tau)$ anstelle von $\vartheta_1(v, \tau)$. Außerdem aber wird nach (8.1, 5, 9):

$$W\left(\frac{v}{c\tau + d}, S\tau\right) = \lambda^2(S) \exp\left(\frac{\pi i c}{c\tau + d} v^2\right) W(v, \tau) \quad (S \text{ in } \Gamma). \tag{8.11}$$

Wir geben ein natürliches N und ganze b_1, b_2 vor und bilden, indem wir gelegentlich den Zeilenvektor $\{b_1, b_2\}$ mit $\mathfrak{b}$ bezeichnen, die Funktion

$$Q(\tau, b_1, b_2, N) = Q(\tau, \mathfrak{b}, N) = \xi_N^{b_1 + b_2} \exp\left(\pi i \frac{b_1^2}{N^2} \tau\right) W\left(\frac{b_1 \tau + b_2}{N}, \tau\right). \tag{8.12}$$

Da sie für $b_1 \equiv b_2 \equiv 0 \bmod N$ identisch verschwindet, beschränken wir uns auf die Fälle $N \geqq 2$, in denen b_1 oder b_2 nicht durch N teilbar ist. Aus (8.7, 8) folgt zunächst

$$Q(\tau, -\mathfrak{b}, N) = -\xi_N^{-2(b_1 + b_2)} Q(\tau, \mathfrak{b}, N), \tag{8.13}$$

$$Q(\tau, \mathfrak{b}^*, N) = \exp\left(-2\pi i \frac{b_1^* - b_1}{N^2} b_2\right) Q(\tau, \mathfrak{b}, N), \tag{8.14}$$

wenn $\mathfrak{b}^* = \{b_1^*, b_2^*\} \equiv \mathfrak{b} \bmod N$; danach hängt $Q(\tau, \mathfrak{b}, N)$ von b_2 nur mod N ab. Die entscheidende Transformationsgleichung, die das Verhalten bei $\tau \to S\tau$ (S in Γ) betrifft, ergibt sich aus (8.11) und

$$\frac{b_1 S\tau + b_2}{N} = \frac{1}{c\tau + d} \frac{b_1' \tau + b_2'}{N}, \quad \mathfrak{b}' = \{b_1', b_2'\} = \mathfrak{b} S$$

durch eine Rechnung in der Gestalt

$$Q(S\tau, \mathfrak{b}, N) = \mu(S, \mathfrak{b}, N)\, Q(\tau, \mathfrak{b}S, N) \quad (S \subset \Gamma) \tag{8.15}$$

mit

$$(8.16)\qquad \begin{aligned}\mu(S, \mathfrak{b}, N) &= \mu(S, b_1, b_2, N) = \\ &= \lambda^2(S)\, \xi_N^{b_1 - b_1' + b_2 - b_2'}\, \xi_{N^2}^{abb_1^2 + 2bcb_1b_2 + cdb_2^2}\,.\end{aligned}$$

Dies führt in Verbindung mit (8.14) zu dem Transformationsverhalten bei Anwendung eines $L \equiv I \bmod N$: Es gilt

$$(8.17)\qquad Q(L\tau, \mathfrak{b}, N) = v(L, \mathfrak{b}, N)\, Q(\tau, \mathfrak{b}, N) \qquad (L \equiv I \bmod N)$$

mit

$$(8.18)\qquad \begin{aligned} v(L, \mathfrak{b}, N) &= v(L, b_1, b_2, N) = \mu(L, \mathfrak{b}, N)\, \xi_{N^2}^{-2(b_1' - b_1)b_2} \\ &= \lambda^2(L)(-1)^{\varepsilon_0(L, \mathfrak{b}, N)}\, \xi_{N^2}^{\beta b_1^2 - 2(\alpha - 1)b_1b_2 - \gamma b_2^2}\,. \\ \varepsilon_0(L, \mathfrak{b}, N) &= \left(\frac{\alpha - 1}{N} + \frac{\beta}{N} + \frac{\alpha - 1}{N}\,\frac{\beta}{N}\right) b_1 + \left(\frac{\gamma}{N} + \frac{\delta - 1}{N} + \frac{\gamma}{N}\,\frac{\delta - 1}{N}\right) b_2. \end{aligned}$$

Eine Gleichung der Gestalt (8.17) gilt natürlich auch für $L \equiv -I \bmod N$; wir schreiben

$$(8.19)\qquad Q(L\tau, \mathfrak{b}, N) = v_{\mathfrak{b},N}(L)\, Q(\tau, \mathfrak{b}, N), \text{ wenn } L \equiv \pm I \bmod N,\ L \subset \Gamma,$$

und definieren

$$(8.20)\quad v_{\mathfrak{b},N}(L) = v(L, \mathfrak{b}, N) \text{ für } L \equiv I \bmod N,\ v_{\mathfrak{b},N}(L) = v(-L, \mathfrak{b}, N) \text{ für } L \equiv -I \bmod N.$$

Man erkennt sofort, daß

$$v(L, \mathfrak{b}, N) = \lambda^2(L) \text{ für } L \equiv I \bmod 2N^2$$

zutrifft. Nach (8.6) wird daher

$$v_{\mathfrak{b},N}(L) = 1 \text{ für } L \equiv \pm I \bmod \bar{N},\ \bar{N} = 2[N^2, 6];$$

$v_{\mathfrak{b},N}$ stellt einen Kongruenzcharakter auf $\Gamma[N]$ dar, der auf $\Gamma[\bar{N}]$ zu 1 wird.

Wir führen jetzt die Produkt-Darstellung (8.10) ein und setzen zunächst

$$(8.21)\qquad \begin{aligned} P(\tau, \mathfrak{b}, N) &= P(\tau, b_1, b_2, N) \\ &= \prod_{\substack{m=1 \\ m \equiv b_1 (N)}}^{\infty} \left(1 - \xi_N^{2b_2} u_N^m\right) \prod_{\substack{m=1 \\ m \equiv -b_1 (N)}}^{\infty} \left(1 - \xi_N^{-2b_2} u_N^m\right). \end{aligned}$$

Nach (8.10, 12, 14) ergibt sich

$$(8.22)\qquad Q(\tau, \mathfrak{b}, N) = \omega(\mathfrak{b}, N) \exp\left(\pi i\, g_2\left(\frac{b_1}{N}\right)\tau\right) P(\tau, \mathfrak{b}, N),$$

wo

$$(8.23)\qquad \omega(\mathfrak{b}, N) = \begin{cases} i\, \xi_N^{-2\left[\frac{b_1}{N}\right] b_2 + b_1 - N\left[\frac{b_1}{N}\right]} & \text{für } b_1 \not\equiv 0 \bmod N \\ i\, \xi_N^{-2\frac{b_1}{N} b_2}\left(1 - \xi_N^{2b_2}\right) & \text{für } b_1 \equiv 0 \bmod N, \end{cases}$$

$$(8.24)\qquad \begin{aligned} &g_2(x) = g_2(x') \text{ für reelle } x \equiv x' \bmod 1, \\ &g_2(x) = g_2(1 - x) = x^2 - x + \frac{1}{6} \text{ für } 0 \leqq x \leqq 1; \end{aligned}$$

$g_2(x)$ verschwindet für $x = \frac{1}{6}(3 \pm \sqrt{3}) \approx \left\{\begin{matrix} 0{,}788675 \\ 0{,}211325 \end{matrix}\right\}$, ist also positiv für $0 \leqq x < \frac{1}{6}(3 - \sqrt{3})$ und $\frac{1}{6}(3 + \sqrt{3}) < x \leqq 1$, negativ für $\frac{1}{6}(3 - \sqrt{3}) < x < \frac{1}{6}(3 + \sqrt{3})$. Ferner sei $[x]$ für reelles x wie üblich die größte ganze Zahl $\leqq x$.

(8.15) liefert dann die Entwicklung von $Q(\tau, \mathfrak{b}, N)$ nach der Ortsvariablen $u_N(A\tau)$ der Spitze $\zeta = A^{-1}\infty$ $(A \subset \Gamma)$ gemäß

$$Q(\tau, \mathfrak{b}, N) = \mu(A^{-1}, \mathfrak{b}, N)\, Q(A\tau, \mathfrak{b}A^{-1}, N)$$

$$= \mu(A^{-1}, \mathfrak{b}, N)\, \omega(\mathfrak{b}A^{-1}, N) \exp\left(\pi i g_2\left(\frac{a_1 b_2 - b_1 a_2}{N}\right) A\tau\right) P(A\tau, \mathfrak{b}A^{-1}, N).$$

und damit die abschließende Aussage:

Satz 10. *Die durch* (8.10,12) *definierten Funktionen* $Q(\tau, \mathfrak{b}, N)$ *stellen sämtlich multiplikative Funktionen der Hauptkongruenzgruppe* $\Gamma[N]$ *dar; ihre Multiplikatoren* $v_{\mathfrak{b},N}$ *sind durch* (8.18,20) *gegeben. Im einzelnen gilt*

a) $Q(\tau, \mathfrak{b}, N)$ *verschwindet genau dann identisch, wenn* $b_1 \equiv b_2 \equiv 0 \bmod N$.

b) In allen anderen Fällen ist $Q(\tau, \mathfrak{b}, N)$ *nicht konstant, verhält sich in der oberen Halbebene regulär, verschwindet dort nicht und besitzt in sämtlichen Spitzen von* $\Gamma[N]$ *von Null verschiedene Ordnungen.*

c) Die Ordnung von $Q(\tau, \mathfrak{b}, N)$ $(\mathfrak{b} \not\equiv \mathfrak{o} \bmod N)$ *in der Spitze* $A^{-1}\infty = -\frac{a_2}{a_1}$ *von* $\Gamma[N]$ $(A$ *in* Γ, $\underline{A} = \{a_1, a_2\})$ *hat den Wert*

$$\frac{N}{2} g_2\left(\frac{a_1 b_2 - b_1 a_2}{N}\right),$$

wo $g_2(x)$ *durch* (8.23) *erklärt ist.*

d) Alle $v_{\mathfrak{b},N}$ $(\mathfrak{b} \not\equiv \mathfrak{o} \bmod N)$ *sind Kongruenzcharaktere der* $\Gamma[N]$ *und werden auf der Gruppe* $\Gamma[\bar{N}]$ $(\bar{N} = 2[6, N^2])$ *zu* 1.

Wir formulieren noch den folgenden Satz über das Verhalten dieser selben Funktionen $Q(\tau, \mathfrak{b}, N)$, wenn man sie als multiplikative Funktionen einer Hauptkongruenzgruppe $\Gamma[V]$ auffaßt, wo V irgend ein Multiplum von N angibt.

Satz 11. *Es sei* V *ein positives Vielfaches von* N. *Alle* $Q(\tau, \mathfrak{b}, N)$ *stellen multiplikative Funktionen der* $\Gamma[V]$ *dar; ihre Multiplikatoren sind die durch* (8.18,20) *erklärten* $v_{\mathfrak{b},N}$. *Von den Einzelaussagen, die jetzt auf die Gruppe* $\Gamma[V]$ *zu beziehen sind, bleiben a) und b) erhalten; in c) ist lediglich der Wert der Ordnung durch* $\frac{V}{2} g_2\left(\frac{a_1 b_2 - b_1 a_2}{N}\right)$ *zu ersetzen, in d) der Modul* $\bar{N}$ *durch* $\bar{V} = [12, 2N^2, V]$.

In grundsätzlicher Hinsicht erwähnenswert, für die vorliegenden Ziele aber ohne Bedeutung ist der von HECKE [11] entdeckte Zusammenhang zwischen den $Q(\tau, \mathfrak{b}, N)$ und den Eisensteinreihen $G_2(\tau, a_1, a_2, N)$. Die HECKEsche Darstellung enthält einen Fehler in der Bestimmung des Zahlfaktors (8.23) $\omega(\mathfrak{b}, N)$.

9. Die speziellen Teilwerte mit $b_2 = 0$ und ihr Verhalten bei Argument-Teilung

Da die in 1. formulierten Partitionenprobleme sich sämtlich auf die mit $b_2 = 0$ gebildeten Funktionen P und Q zurückführen lassen, spezialisieren wir zunächst die Ergebnisse von 8. auf diesen Fall. Für $b_1 \not\equiv 0 \bmod N$ gilt [(vgl. (5.6) und (8.4)]:

$$(9.1) \left\{ \begin{aligned} Q(S\tau, b_1, 0, N) &= \mu(S, b_1, 0, N)\, Q(\tau, b_1 a, b_1 b, N), \\ \mu(S, b_1, 0, N) &= \lambda^2(S)\, \xi_N^{b_1(1-a-b)}\, \xi_{N^2}^{a b b_1^2}, \end{aligned} \right\} \qquad S = \begin{pmatrix} a & b \\ c & d \end{pmatrix} \subset \Gamma,$$

$$(9.2)\quad \left\{\begin{aligned} &Q(L\tau, b_1, 0, N) = \mu(L, b_1, 0, N)\, Q(\tau, b_1, 0, N),\\ &v(L, b_1, 0, N) = \lambda^2(L)\,(-1)^{\varepsilon_0(L, b_1, 0, N)}\, \xi_N^{\frac{\beta}{N} b_1^2}\\ &\varepsilon_0(L, b_1, 0, N) = \left(\frac{\alpha-1}{N} + \frac{\beta}{N} + \frac{\alpha-1}{N}\frac{\beta}{N}\right) b_1, \end{aligned}\right\} \quad L = \begin{pmatrix}\alpha & \beta\\ \gamma & \delta\end{pmatrix} \equiv I \bmod N,$$

$$(9.3)\quad \left\{\begin{aligned} &Q(\tau, b_1, 0, N) = \omega(b_1, 0, N)\exp\left(\pi i\, g_2\left(\frac{b_1}{N}\right)\tau\right) \prod_{\substack{m=1\\ m \equiv \pm b_1 \bmod N}}^{\infty} (1 - u_N^m),\\ &\omega(b_1, 0, N) = i\,\xi_N^{\,b_1 - N\left[\frac{b_1}{N}\right]}, \end{aligned}\right.$$

$$(9.4)\quad \left\{\begin{aligned} &Q(\tau, b_1, 0, N) = \mu(A^{-1}, b_1, 0, N)\,\omega(b_1 a_2, -b_1 a_3, N)\,\times\\ &\qquad\times \exp\left(\pi i\, g_2\left(\frac{b_1 a_2}{N}\right) A\tau\right) P(A\tau, b_1 a_2, -b_1 a_3, N),\\ &\omega(b_1 a_2, -b_1 a_3, N) \text{ und } g_2(x) \text{ vgl } (8.23, 24); \end{aligned}\right.$$

im Falle $N \equiv 0 \bmod 2$, $2b_1 \equiv 0 \bmod N$ hat man in der ersten Formel (9.3) über die $m \equiv \frac{N}{2} \bmod N$ zweimal zu multiplizieren.

Neben diesen Funktionen sind die aus ihnen durch Argument-Teilung entstehenden $Q\left(\frac{\tau}{l}, b_1, 0, N\right)$ für die Anwendungen von Bedeutung; dabei bezeichnet l eine feste ganze Zahl > 1. Man gewinnt ihre Transformationsgleichungen nach (9.1, 4) wie folgt:

Es sei $L = \begin{pmatrix}\alpha & \beta\\ \gamma & \delta\end{pmatrix} \equiv I \bmod N$ und $\beta \equiv 0 \bmod lN$. Dann liegt die die Transformation

$$\frac{1}{l} L\tau = L_l'\left(\frac{\tau}{l}\right) \text{ bewirkende Matrix } L_l' = \begin{pmatrix}\alpha & l^{-1}\beta\\ l\gamma & \delta\end{pmatrix} \text{ in } \Gamma[N];$$

also gilt

$$(9.5)\qquad Q\left(\frac{1}{l} L\tau, b_1, 0, N\right) = v(L_l', b_1, 0, N)\, Q\left(\frac{\tau}{l}, b_1, 0, N\right)$$

für $L \equiv I \bmod N$, $\beta \equiv 0 \bmod lN$. Um die Entwicklung von $Q\left(\frac{\tau}{l}, b_1, 0, N\right)$ nach Potenzen von $u_N(A\tau)$ abzuleiten, bilden wir (9.4) zunächst für ein S in Γ anstelle von A und für $\frac{\tau}{l}$ anstelle von τ. Dann versuchen wir, S zu dem vorgegebenen A in Γ so zu bestimmen, daß

$$S\left(\frac{\tau}{l}\right) = \lambda A\tau + \xi \qquad \text{mit rationalen } \lambda > 0,\ \xi$$

zutrifft und setzen diese Darstellung in die modifizierte Relation (9.4) ein.

Man hat, wenn $(a_2, l) = t$, $g a_2 \equiv t a_3 \bmod l$ (g ganz) und

$$(9.6)\qquad S = S_{l,A} = \begin{pmatrix} t a_0 - g a_1 & \dfrac{t a_3 - g a_2}{l}\\[2mm] \dfrac{l}{t} a_1 & \dfrac{1}{t} a_2 \end{pmatrix}$$

gesetzt wird:

$$S\left(\frac{\tau}{l}\right) = \frac{t}{l}(t A\tau - g) = \frac{t^2}{l} A\tau - \frac{gt}{l},$$

also

$$Q\left(\frac{\tau}{l}, b_1, 0, N\right) = \mu\left(S_{l,A}^{-1}, b_1, 0, N\right)\omega\left(b_1\frac{a_2}{t}, b_1\frac{g a_2 - t a_3}{l}, N\right)\exp\left(-\pi i g_2\left(\frac{b_1 a_2}{t N}\right)\frac{g t}{l}\right)\times \tag{9.7}$$

$$\times\exp\left(\pi i\frac{t^2}{l}g_2\left(\frac{b_1 a_2}{t N}\right)A\tau\right)P\left(\frac{t^2}{l}A\tau - \frac{g t}{l}, b_1\frac{a_2}{t}, b_1\frac{g a_2 - t a_3}{l}, N\right)$$

Aus (9.6, 7) geht hervor, daß $Q\left(\frac{\tau}{l}, b_1, 0, N\right)$ eine multiplikative Funktion auf der Gruppe $\Gamma\,[l N]$ darstellt, deren Multiplikatorsystem $v'_{l,b_1,N}$ vermöge (8.18) durch

$$v'_{l,b_1,N}(L) = v(L'_l, b_1, 0, N) \qquad \text{für } L \equiv I \bmod l N$$
(9.8)
$$v'_{l,b_1,N}(L) = v(-L'_l, b_1, 0, N) \quad \text{für } L \equiv -I \bmod l N$$

erklärt ist und daher auf der Hauptkongruenzgruppe $\Gamma\,[l\bar{N}]$ zu 1 wird.

Mit diesem analytischen Apparat können wir jetzt das in 1.c. (1.6) formulierte Partitionenproblem angreifen. Wir schreiben b für b_1 und das g in 1., identifizieren also das System $\mathfrak{S}_g$ mit der Menge der natürlichen Zahlen $m \equiv \pm b \bmod N$ und lassen b die natürlichen Zahlen $\leq \frac{N}{2}$ durchlaufen. Demgemäß verabreden wir

$$\sum_b \text{ bedeute } \sum_{1 \leq b \leq \frac{N}{2}}, \quad \prod_b \text{ bedeute } \prod_{1 \leq b \leq \frac{N}{2}} \quad \text{(mit dem Zusatz: } b \text{ ganz.)}$$

Jedem solchen b seien die folgenden Zahlen zugeordnet:

$$\text{ganze } k_{b0} \geqq 0,\ f_b \geqq 0,\ k_{b\nu} \geqq 1,\ l_{b\nu} \geqq 2 \quad (1 \leqq \nu \leqq f_b). \tag{9.9}$$

Wir setzen

$$k_b = \sum_{\nu=0}^{f_b} k_{b\nu} \quad \left(1 \leq b \leq \frac{N}{2}\right), \tag{9.10}$$

$$\bar{k} = \sum_b k_b,\ \bar{k}_0 = \sum_b k_{b0},\ \bar{k}'_0 = \sum_b b\, k_{b0},\ \bar{f} = \sum_b f_b, \tag{9.11}$$

$$\bar{l} = \underset{\substack{1 \leq b \leq N/2 \\ 1 \leq \nu \leq f_b}}{\text{kgV}}\ l_{b\nu} = l_{b\nu}\, l^*_{b\nu},\ \text{falls } \bar{f} > 0;\ \bar{l} = 1 \text{ sonst} \tag{9.12}$$

und betrachten die Funktion

$$R(\tau; [k], [l], N) = \prod_b \left\{ Q^{-k_b}\left(\frac{\tau}{\bar{l}}, b, 0, N\right)\prod_{\nu=1}^{f_b} Q^{k_{b\nu}}\left(\frac{\tau}{l^*_{b\nu}}, b, 0, N\right)\right\} = \tag{9.13}$$

$$= \prod_b \left\{ Q^{-k_{b0}}\left(\frac{\tau}{\bar{l}}, b, 0, N\right)\prod_{\nu=1}^{f_b}\frac{Q^{k_{b\nu}}\left(\frac{\tau}{l^*_{b\nu}}, b, 0, N\right)}{Q^{k_{b\nu}}\left(\frac{\tau}{\bar{l}}, b, 0, N\right)}\right\}.$$

Für sie gilt nach (9.3), wenn

$$\gamma_b = \gamma_b([k], [l]) = -k_{b0} + \sum_{\nu=1}^{f_b} k_{b\nu}(l_{b\nu} - 1) = -k_b + \sum_{\nu=1}^{f_b} k_{b\nu}\, l_{b\nu}$$
(9.14)
$$\beta = \beta([k], [l], N) = \sum_b \gamma_b([k], [l])\, g_2\left(\frac{b}{N}\right)$$

und $u = u_{\bar{l}N}$ gesetzt wird:

$$R(\tau; [k], [l], N) = i^{-\bar{k}_0}\, \xi_N^{-\bar{k}'_0} \exp\left(\pi i \beta \frac{\tau}{\bar{l}}\right) \times$$

(9.15) $$\times \prod_b \prod_{\substack{m=1 \\ m \equiv \pm b \bmod N}}^{\infty} \left\{ (1-u^m)^{-k_{b0}} \prod_{\nu=1}^{f_b} \left(1 + u^m + u^{2m} + \cdots + u^{(l_{b\nu}-1)m}\right)^{k_{b\nu}} \right\}.$$

Daher stimmt R im wesentlichen mit der erzeugenden Potenzreihe einer Partitionenfunktion aus l.c. überein. Die nennenswerten Abweichungen in (9.15) von diesem Formalismus bestehen erstens in der Exponentialfunktion vor dem Produkt, die eine Argument-Verschiebung in jener Partitionenfunktion bewirkt, zweitens aber in der bei (9.4) genannten zusätzlichen Vorschrift, nach der in (9.15) rechts für gerades N das Produkt über die $m \equiv \frac{N}{2} \bmod N$ zu quadrieren ist. Dies bewirkt in der Terminologie von 1. die Verdopplung aller Farbenanzahlen für $N \equiv 0 \bmod 2$, $b = \frac{N}{2}$, so daß diese Restklasse in den wahren Farbenanzahlen $2k_{N/2,0}$ bzw. $2k_{N/2,\nu}$ $(1 \leqq \nu \leqq f_{N/2})$ auftritt. Ersichtlich gilt

Satz 12. R $(\tau;$ $[k]$, $[l]$, $N)$ *stellt eine multiplikative Funktion der* $\Gamma\,[\bar{l}N]$ *zu dem Kongruenzcharakter*

$$v'_{[k],[l],N} = \prod_b \left\{ v'^{-k_b}_{\bar{l},b,N} \prod_{\nu=1}^{f_b} v'^{k_{b\nu}}_{l^*_{b\nu},b,N} \right\}$$

dar, der auf der $\Gamma\,[\bar{l}N]$ *gleich* 1 *wird.*

Um unsere allgemeinen Sätze aus 6. und 7. anzuwenden, bestimmen wir die Hauptteile der Funktion (9.13) R in den Spitzen $\zeta = A^{-1}\infty$ der Gruppe $\Gamma\,[\bar{l}N]$, indem wir ihre Entwicklung nach Potenzen von $u_{\bar{l}N}(A\tau)$ aufstellen; dabei sei $A = \begin{pmatrix} a_0 & a_3 \\ a_1 & a_2 \end{pmatrix} \subset \Gamma$ und $a_1 \neq 0$. Im Sinne der bei (9.6) gebrauchten Symbolik setzen wir

(9.16) $$\begin{aligned} t &= t^*_{b\nu} = t^*_{b\nu}(A) = (a_2, l^*_{b\nu}) \text{ bzw. } t = \bar{t} = \bar{t}\,(A) = (a_2, \bar{l}\,) \\ g &= g^*_{b\nu} = g^*_{b\nu}(A) \qquad\qquad \text{bzw. } g = \bar{g} = \bar{g}\,(A) \end{aligned}$$

wo

(9.17) $$g^*_{b\nu}\, a_2 \equiv t^*_{b\nu}\, a_3 \bmod l^*_{b\nu},\; \bar{g}\, a_2 \equiv \bar{t}\, a_3 \bmod \bar{l}\; (1 \leqq b \leqq N/2, 1 \leqq \nu \leqq f_b)$$

und erklären nach (9.6) die Matrizen

(9.18) $$S^*_{b\nu} = S_{l^*_{b\nu},A} \quad, \bar{S} = S_{\bar{l},A}\,.$$

Dann ergibt sich

(9.19) $$R(\tau; [k], [l], N) = \mathrm{P}([k], [l], A, N) \exp\left(\pi i \beta_A \frac{A\tau}{\bar{l}}\right) T_0(A\tau; [k], [l], A, N)$$

mit folgenden Bedeutungen (vgl. (9.7)):

(9.20) $$\begin{aligned} \mathrm{P}([k], [l], A, N) = \prod_b &\left\{ \mu^{-k_b}(\bar{S}^{-1}, b, 0, N) \prod_{\nu=1}^{f_b} \mu^{k_{b\nu}}(S^{*\,-1}_{b\nu}, b, 0, N) \right\} \times \\ \prod_b &\left\{ \omega^{-k_b}\left(b\frac{a_2}{\bar{t}}, b\,\frac{\bar{g}\,a_2 - \bar{t}\,a_3}{\bar{l}}, N\right) \prod_{\nu=1}^{f_b} \omega^{k_{b\nu}}\left(b\frac{a_2}{t^*_{b\nu}}, b\,\frac{g^*_{b\nu}\,a_2 - t^*_{b\nu}\,a_3}{l^*_{b\nu}}, N\right) \right\} \times \\ \prod_b &\left\{ \exp\left(\pi i k_b\, g_2\left(\frac{a_2 b}{\bar{t} N}\right) \frac{\bar{g}\,\bar{t}}{\bar{l}}\right) \prod_{\nu=1}^{f_b} \exp\left(-\pi i k_{b\nu}\, g_2\left(\frac{a_2 b}{t^*_{b\nu} N}\right) \frac{g^*_{b\nu} t^*_{b\nu}}{l^*_{b\nu}}\right) \right\}, \end{aligned}$$

$$\beta_A = \beta_A([k],[l],N) = \sum_b \left\{ -k_b \bar{t}^2 g_2\left(\frac{a_2 b}{\bar{t} N}\right) + \sum_{\nu=1}^{f_b} k_{b\nu} l_{b\nu} t_{b\nu}^{\bullet 2} g_2\left(\frac{a_2 b}{t_{b\nu}^{\bullet} N}\right) \right\}, \tag{9.21}$$

$$T_0(\tau;[k],[l],A,N) =$$

$$= \prod_b \left\{ P^{-k_b}\left(\frac{\bar{t}^2}{\bar{l}}\tau - \frac{\bar{g}\bar{t}}{\bar{l}}, b\frac{a_2}{\bar{t}}, b\frac{\bar{g}a_2 - \bar{t}a_3}{\bar{l}}, N\right) \times \right. \tag{9.22}$$

$$\left. \prod_{\nu=1}^{f_b} P^{k_{b\nu}}\left(\frac{t_{b\nu}^{\bullet 2}}{l_{b\nu}^{\bullet}}\tau - \frac{g_{b\nu}^{\bullet} t_{b\nu}^{\bullet}}{l_{b\nu}^{\bullet}}, b\frac{a_2}{t_{b\nu}^{\bullet}}, b\frac{g_{b\nu}^{\bullet} a_2 - t_{b\nu}^{\bullet} a_3}{l_{b\nu}^{\bullet}}, N\right) \right\}.$$

Die Funktion (9.22) T_0 gestattet eine Darstellung als reguläre Potenzreihe in $u = u_{lN}(\tau)$, deren konstantes Glied $= 1$ ist; wir schreiben

$$T_0(\tau;[k],[l],A,N) = \sum_{n=0}^{\infty} \varrho_n([k],[l],A,N)\, u^n \quad (\varrho_0([k],[l],A,N) = 1). \tag{9.23}$$

Im Falle $a_1 = 0$ sei, wie verabredet, $A = I$; dann gilt (9.19) ebenfalls, wenn

$$\mathrm{P}([k],[l],I,N) = i^{-\bar{k}_0}\,\xi_N^{-\bar{k}_0'}, \beta_I = \beta \tag{9.24}$$

und $T_0(\tau;[k],[l],I,N)$ gleich dem Produkt in der zweiten Zeile von (9.15) gesetzt wird. Setzt man andererseits dieses Produkt, also

$$T_0(\tau;[k],[l],I,N) = \sum_{n=0}^{\infty} p_n([k],[l],N)\, u^n \tag{9.25}$$

und entsprechend

$$\varrho_n([k],[l],I,N) = p_n([k],[l],N), \tag{9.26}$$

so hat $p_n([k],[l],N)$ die in l.c. mitgeteilte kombinatorische Bedeutung als Partitionenanzahl, und man erhält nun die gesuchte Darstellung dieser Partitionenanzahl in der Gestalt (6.12) nach dem folgenden

Satz 13. *Es sei N eine feste ganze Zahl > 1. Man betrachte die in l.c. erklärte Partitionenfunktion mit den folgenden Daten (wobei in der Bezeichnung g durch b ersetzt werde):*

a) Für $1 \leq b \leq \frac{N}{2}$ sei $\mathfrak{S}_b$ die Menge der natürlichen Zahlen $m \equiv \pm b \bmod N$.

b) Die Zahlen $k_{b0}, f_b, k_{b\nu}, l_{b\nu}$ $(1 \leq \nu \leq f_b)$ seien wie in l.c. bis auf die folgende Einschränkung willkürlich vorgegeben: Für $N \equiv 0 \bmod 2$ und $b = \frac{N}{2}$ seien alle $k_{b\nu}$ $(0 \leq \nu \leq f_b)$ gerade.

Schreibt man dann im Falle der Einschränkung $\left(\text{d. h. nur für } N \equiv 0 \bmod 2,\ b = \frac{N}{2}\right)$ $2k_{b\nu}$ anstatt $k_{b\nu}$ und nennt die in l.c. mit diesen Parameterwerten erklärte Partitionenfunktion $p_n([k],[l],N)$, so gilt für die natürlichen $n > -\frac{N}{2}\beta$:

$$p_n([k],[l],N) = \frac{1}{2n + N\beta} \sum_{\substack{A \\ \beta_A < 0}} i^{\bar{k}_0}\,\xi_N^{\bar{k}_0'}\,\mathrm{P}([k],[l],A,N) \times$$

$$\times \sum_{0 \leq h < \frac{N}{2}|\beta_A|} \varrho_h([k],[l],A,N)\, a_{n+\frac{N}{2}\beta}\left(A, \mathfrak{K}, \frac{N}{2}|\beta_A| - h\right). \tag{9.27}$$

Hier durchläuft $A^{-1}\infty$ (A in Γ) ein volles System von nach der Hauptkongruenzgruppe $\Gamma[lN]$ inkongruenten Spitzen, für die β_A negativ ausfällt; die zu ∞ kongruenten Spitzen sind durch $A = I$ vertreten, und es ist $\beta_I = \beta$. $\mathfrak{K}$ bezeichnet die Differentialklasse $\{\Gamma[lN], -2, v'_{[k],[l],N}\}$ (vgl. Satz 12). Die übrigen Symbole sind durch die Formeln (9.9—26) erklärt.

Der hier aufgestellte Apparat gestattet auch, Einzelprobleme oder eng begrenzte Problemklassen nach dem Verfahren zu behandeln, das am Ende von §7 unter A. angedeutet wurde. Als Beispiel soll der Ansatz zur genaueren Untersuchung der $\pi_n^{\pm}(k, q)$ skizziert werden ($N = q$ Primzahl $\equiv 1 \bmod 4$, $q > 5$).

Im folgenden kennzeichne der obere Index $^+$ bzw. $^-$ an einem Produkt oder einer Summe allgemein den Zusatz $\left(\frac{h}{q}\right) = +1$ bzw. $= -1$ zur Bedingung für den laufenden Buchstaben h. Bildet man gemäß (8.21) die Produkte

$$P_{\pm}(\tau, q) = \prod_{h=1}^{\frac{1}{2}(q-1)}{}^{\pm} P(\tau, h, 0, q) = \prod_{m=1}^{\infty}{}^{\pm} (1 - u_q^m),$$

so sind diese die Hauptbestandteile gewisser Modulfunktionen $Q_{\pm}(\tau, q)$, die sich nach (9.3) in der Gestalt

$$Q_{\pm}(\tau, q) = \prod_{h=1}^{\frac{1}{2}(q-1)}{}^{\pm} Q(\tau, h, 0, q) = C_q^{\pm} e^{\pi i \beta_q^{\pm} \tau} P_{\pm}(\tau, q)$$

mit konstanten $C_q^{\pm}$ und

$$\beta_q^{\pm} = \sum_{h=1}^{\frac{1}{2}(q-1)}{}^{\pm} g_2 \left(\frac{h}{q}\right) \tag{9.28}$$

schreiben lassen.

Zur Bestimmung der „genauen" Kongruenzgruppe Γ_0 dieser Funktionen $Q_{\pm}(\tau, q)$ hat man nach (8.14,15) nur darauf zu achten, daß die betreffende Modulmatrix $L = \begin{pmatrix} \alpha & \beta \\ \gamma & \delta \end{pmatrix}$ das System der Zeilen

$$\{h, 0\} \quad \left(1 \leqq h \leqq \frac{1}{2}(q-1), \left(\frac{h}{q}\right) = \pm 1\right)$$

gemäß $\{h, 0\} L = \{h\alpha, h\beta\}$ bis auf ein Vorzeichen mod q auf sich abbildet. Dies führt auf die Untergruppe $\Gamma^{0+}[q]$ von Γ, die durch $\left(\frac{\alpha}{q}\right) = +1$ und $\beta \equiv 0 \bmod q$ zu definieren ist. $\Gamma^{0+}[q]$ hat $\sigma_0 = 4$ Spitzen; ihre Lage wird mit Hilfe eines fest gewählten Nichtrestes u mod q (unter Hinzufügung der Breiten N_j) durch

$$\zeta_1 = \infty\, (N_1 = q),\ \zeta_2 = 0\, (N_2 = 1),\ \zeta_3 = u\, (N_3 = q),\ \zeta_4 = \frac{q}{u}\, (N_4 = 1) \tag{9.29}$$

beschrieben. Die Funktionen $Q_{\pm}(\tau, q)$ transformieren sich bei Anwendung eines L aus $\Gamma^{0+}[q]$ in der bemerkenswert einfachen Gestalt

$$Q_{\pm}(L\tau, q) = \lambda^{\frac{1}{2}(q-1)}(L) \left(\frac{\sqrt{\alpha}}{q}\right) Q_{\pm}(\tau, q); \tag{9.30}$$

dabei ist sinngemäß $\left(\frac{\sqrt{\alpha}}{q}\right) = \left(\frac{\varrho}{q}\right)$ für ein ganzrationales ϱ mit $\varrho^2 \equiv \alpha \bmod q$ zu setzen; $\lambda^{\frac{1}{2}(q-1)}(L)$ hängt nach (8.6) von L nur mod 12 ab. Ähnlich einfache Formeln wie (9.30) gelten für die Umsetzungen, die die $Q_{\pm}(\tau, q)$ nach Art von (9.4) mit ihren Konjugierten verknüpfen. In allen diesen Formeln lassen sich die konstanten Vorfaktoren auf bekannte Symbole der elementaren Zahlentheorie vermöge des Gaußschen Lemmas und verwandter Sätze reduzieren; der Zusammenhang mit Restsymbolen und (im Endergebnis) mit der Klassenzahlformel entsteht durch den „Verschiebungssatz“ (8.14) und die Gestalt des Faktors (8.23) $\omega(\mathfrak{b}, q)$.

Wegen $\sigma_0 = 4$ enthält die abschließende explizite Darstellung (vgl. (6.12)) der $\pi_n^{\pm}(k, q)$ höchstens drei getrennte Reihenaggregate, deren jedes sich auf eine der vier Spitzen (9.29) bezieht; aus zweien von ihnen tritt der Faktor $\varepsilon^{\pm\frac{1}{2}hk}$ heraus, der bei ζ_2 für die Limesgleichung (1.3) verantwortlich ist. Die Ordnungen von $Q_{\pm}(\tau, q)$ in den Spitzen ζ_1 und ζ_3 bestimmen sich aus der Anzahl der Darstellungen von q als Summe von fünf Quadraten. — Weder dieser Sachverhalt noch das Auftreten der Klassenzahl h des Zahlkörpers $P(\sqrt{q})$ kann in irgend einem Sinne als „verständlich“ bezeichnet werden.

10. Ergebnisse: Asymptotische Darstellungen der allgemeinen Partitionenfunktionen aus 1. c.

Bei so allgemeinen Problemen wie dem in Satz 13 genannten kann nicht erwartet werden, daß sich genauere Einblicke in die Struktur der Koeffizienten

$$X_k = X_k\left(n + \frac{N}{2}\beta, R\right) = X_k\left(n + \frac{N}{2}\beta,\ R(*, [k], [l], N)\right)$$

der asymptotischen Entwicklung (9.27) (die man sich in der Gestalt (7.5) geschrieben denke) für größere Werte von k gewinnen lassen. Wir beschränken uns daher auf die Ableitung einer asymptotischen Formel, in der das Hauptglied ($k = 1$) explizit aufgestellt und die folgenden Glieder zu einem Fehlerglied $O(*)$ zusammengefaßt werden. Es dürfte bereits erhebliche Schwierigkeiten bereiten, ϱ_2 und X_2 in übersichtlichen Ausdrücken anzugeben. Dagegen gilt natürlich (7.8) und, weil die Voraussetzungen erfüllt sind, auch Satz 9; beide Aussagen zeigen, wie weit man (9.27) als asymptotische Entwicklung ansehen darf.

Nach (7.2) und (9.27) hat man

$$\varrho_1 = \max_{A \subset \Gamma} \frac{4\pi}{\mu_1}\sqrt{\frac{-\beta_A}{2\bar{l}^2 N}} \quad \text{mit } \mu_1 = \min_{\substack{m_1 \subset \mathfrak{T}(A, \Gamma_0) \\ m_1 > 0}} m_1 \quad \text{für } \Gamma_0 = \Gamma[l\,N], \tag{10.1}$$

wo das Maximum unter der Bedingung $\beta_A < 0$ zu bilden ist. Dabei gilt (s. 9.14, 21))

$$-\beta_A = \sum_{\mathfrak{b}} \left\{ k_{\mathfrak{b}0}\, \bar{t}^2 g_2\left(\frac{a_2 b}{\bar{t} N}\right) + \sum_{\nu=1}^{f_{\mathfrak{b}}} k_{\mathfrak{b}_\nu}\left(\bar{t}^2 g_2\left(\frac{a_2 b}{\bar{t} N}\right) - l_{\mathfrak{b}_\nu} t_{\mathfrak{b}_\nu}^{*2}\, g_2\left(\frac{a_2 b}{t_{\mathfrak{b}_\nu}^{*} N}\right)\right)\right\}, \tag{10.2}$$

woraus man (vgl. (3.3))

$$-\beta_T = \frac{\bar{l}^2}{6}\bar{K} \quad \text{mit } \bar{K} = \sum_{\mathfrak{b}} \left\{ k_{\mathfrak{b}0} + \sum_{\nu=1}^{f_{\mathfrak{b}}} k_{\mathfrak{b}_\nu}\left(1 - \frac{1}{l_{\mathfrak{b}_\nu}}\right)\right\} \tag{10.3}$$

bestimmt. Bei festen Problemdaten $[k]$, $[l]$, N (wie sie im folgenden zu Grunde liegen) hängt β_A nur von a_2 ab.

Wir zeigen, daß das Maximum der $-\beta_A$ genau dann angenommen wird, wenn die Summanden in (10.2), also die (für feste b, ν zu bildenden) Ausdrücke

$$\bar{t}^2 g_2\left(\frac{a_2 b}{\bar{t} N}\right) \quad \text{und} \quad D_{\mathfrak{b}_\nu}(a_2, N) = \bar{t}^2 g_2\left(\frac{a_2 b}{\bar{t} N}\right) - l_{\mathfrak{b}_\nu} t_{\mathfrak{b}_\nu}^{*2}\, g_2\left(\frac{a_2 b}{t_{\mathfrak{b}_\nu}^{*} N}\right)$$

als Funktionen von a_2 einzeln ihre Maximalwerte erreichen und daß dies überall nur für

$$t = \bar{l}, \quad a_2 b \equiv 0 \bmod \bar{l}\, N$$

eintritt.

Man beachte zunächst, daß (8.24) $g_2(x)$ in $0 \leqq x \leqq 1$ zu $x = \frac{1}{2}$ symmetrisch verläuft und in $0 \leqq x \leqq \frac{1}{2}$ von $\frac{1}{6}$ bis $-\frac{1}{12}$ monoton fällt. Daraus folgt die Behauptung für $\bar{t}^2\, g_2\left(\frac{a_2 b}{\bar{t} N}\right)$. Im Falle $\bar{t} \leqq \frac{1}{3}\, \bar{l}$ ist nach (9.12,16)

$$D_{b\nu}(a_2, N) \leqq \frac{\bar{l}^2}{54} + \frac{\bar{l}^2}{12\, l_{b\nu}} < D_{b\nu}(0, N) = \frac{\bar{l}^2}{6}\left(1 - \frac{1}{l_{b\nu}}\right)$$

Im Falle $\bar{t} = \frac{1}{2}\, \bar{l}$ wird $t^*_{b\nu} = l^*_{b\nu}$ oder $= \frac{1}{2}\, l^*_{b\nu}$; das letztere gibt sofort einen kleineren Wert als $D_{b\nu}(0, N)$, das erstere wegen

$$D_{b\nu}(a_2, N) = \frac{\bar{l}^2}{4}\, g_2\left(\frac{a_2 b}{\bar{t} N}\right) - \frac{\bar{l}^2}{l_{b\nu}}\, g_2\left(\frac{l_{b\nu}\, a_2 b}{\bar{l} N}\right)$$

ebenfalls für $l_{b\nu} > 2$ und $D_{b\nu}(a_2, N) = -\frac{\bar{l}^2}{4}\, g_2\left(\frac{2\, a_2 b}{\bar{l} N}\right) \leqq \frac{\bar{l}^2}{48}$ für $l_{b\nu} = 2$. Daher bleibt nur der Fall $\bar{t} = \bar{l}$, also

$$D_{b\nu}(a_2, N) = \bar{l}^2 \left(g_2(x) - \frac{1}{l}\, g_2(lx)\right) \text{mit } l = l_{b\nu}\,,\ x = \frac{a_2 b}{\bar{l} N},$$

und hier zeigt eine Untersuchung der mod 1 periodischen Funktion $g_2(x) - \frac{1}{l}\, g_2(lx)$ in den Intervallen $\frac{k}{l} \leqq x \leqq \frac{k+1}{l}$ $(k = 0, 1, \cdots, l-1)$, daß diese ihr Maximum nur für ganze x annimmt. Damit ist die Behauptung bewiesen. Sie besagt, daß $\beta_A = \beta_T$ dann und nur dann gilt, wenn $a_2 \equiv 0 \bmod \bar{l}$ und

$$a_2 b \equiv 0 \bmod \bar{l} N \text{ für die } b \text{ mit } 1 \leqq b \leqq \frac{N}{2},\ k_{b0} + f_b > 0$$

erfüllt ist.

Es seien $b_1, b_2, \cdots, b_\mu$ die verschiedenen b mit $1 \leqq b \leqq \frac{N}{2}$, $k_{b0} + f_b > 0$. Ist $\bar{d} = (b_1, b_2, \cdots, b_\mu, N) > 1$, so liegt ein, wie wir sagen, imprimitives Partitionenproblem vor: Alle additiv zu zerlegenden n sind wie alle Summanden durch $\bar{d}$ teilbar, und man gelangt, indem man N, die b_i, n und alle Summanden durch $\bar{d}$ dividiert, zu dem analogen Partitionenproblem mit dem Parametersystem $\frac{b_i}{\bar{d}}$ $(1 \leqq i \leqq \mu)$, $\frac{N}{\bar{d}}$, $[k]$, $[l]$ bei gleichen $[k]$, $[l]$ wie vorher. Deshalb können und wollen wir bereits das ursprünglich vorgelegte Partitionenproblem als primitiv voraussetzen, was

$$\bar{d} = (b_1, b_2, \cdots, b_\mu, N) = 1 \tag{10.4}$$

bedeute. Unter dieser Voraussetzung folgt aus

$$a_2 \equiv 0 \bmod \bar{l}, \quad a_2 b_i \equiv 0 \bmod \bar{l}\, N\ (1 \leqq i \leqq \mu),$$

daß $a_2 \equiv 0 \bmod \bar{l} N$.

Die mod $\Gamma\,[\bar{l}N]$ inäquivalenten Spitzen

$$A^{-1}\infty \; (A \text{ in } \Gamma,\; \underline{A} = \{a_1, a_2\}) \text{ mit } a_2 \equiv 0 \bmod \bar{l}N)$$

lassen sich bekanntlich durch die Restklassen von $\pm a_1$ mod $\bar{l}N$ eindeutig bestimmen, also gemäß

$$a_1 \equiv e_1 \bmod \bar{l}N,\;\; 1 \leqq e_1 \leqq \frac{1}{2}\bar{l}N,\;\; (e_1, \bar{l}N) = 1$$

durch diese e_1 repräsentieren. Offenbar ist dann $\mu_1 = e_1$; daraus ergibt sich nach (10.1,3) und dem oben Bewiesenen die Aussage:

$$\varrho_1 = 2\pi\sqrt{\frac{\bar{K}}{3N}} \tag{10.5}$$

entsteht in (9.27) an nur einer Stelle, nämlich für $A \equiv \pm T \bmod \bar{l}N$, $h = 0$, $m_1 = 1$.

Um noch eine Abschätzung für ϱ_2 zu gewinnen, beachten wir, daß $6\,N^2\beta_A$ nach (10.2) für alle A in Γ ganz und durch den g. g. T. $\underline{d}$ aller $k_{b\nu}$ $(1 \leqq b \leqq \frac{N}{2},\; 0 \leqq \nu \leqq f_b)$ teilbar ist. Daraus folgt, wenn $-\beta_A < -\beta_T$ zutrifft:

$$\frac{-\beta_A}{2\bar{l}^2 N} \leqq \frac{\bar{K}}{12N} - \frac{d}{12\bar{l}^2 N^3} = \frac{1}{12N}\left(\bar{K} - \frac{d}{\bar{l}^2 N^2}\right). \tag{10.6}$$

Ohne Beschränkung können und wollen wir annehmen, daß $A = T$ unter den A in (9.27) vorkommt. Die Wahl der Parameter $A = T$, $h = 0$, $m_1 = 1$ bewirkt so viele Vereinfachungen in dem an sich komplizierten formalen Apparat von 9., daß die Berechnung des zugehörigen Gliedes keine Schwierigkeiten bietet (vgl. (9.23)). Nach Satz 13 und (10.5,6) ergibt sich

Satz 14. *(Bezeichnungen von Satz 13). Man verstehe unter $b_1, b_2, \cdots, b_\mu$ die sämtlichen b mit $1 \leqq b \leqq \frac{N}{2}$, $k_{b0} + f_b > 0$ und setze voraus, daß das (in Satz 13 und l.c. formulierte) Partitionenproblem primitiv sei, d. h. daß* (10.4) *zutreffe. Dann gilt, wenn $\underline{d}$ gleich dem* g. g. T. *aller $k_{b\nu}$ $(1 \leqq b \leqq \frac{N}{2},\; 0 \leqq \nu \leqq f_b)$, $\beta = \beta_I$ (vgl.* (9.14,21)),

$$\omega_0 = \prod_b \left(2\sin\pi\frac{b}{N}\right)^{-k_{b0}},\quad \varrho_1 = 2\pi\sqrt{\frac{\bar{K}}{3N}},\quad \varrho_1' = 2\pi\sqrt{\frac{\bar{K}'}{3N}},$$

$$\bar{K} = \sum_b \left\{k_{b0} + \sum_{\nu=1}^{f_b} k_{b\nu}\left(1 - \frac{1}{l_{b\nu}}\right)\right\},\quad \bar{K}' = \max\left(\bar{K} - \frac{d}{\bar{l}^2 N^2}, \frac{\bar{K}}{4}\right)$$

gesetzt wird, für $n \to \infty$

$$p_n([k],[l],N) = \frac{\omega_0}{2n + N\beta} f_1\left(\varrho_1\sqrt{n + \frac{N}{2}\beta}\right) + O\left(\frac{1}{2n + N\beta} f_1\left(\varrho_1'\sqrt{n + \frac{N}{2}\beta}\right)\right). \tag{10.7}$$

Dabei ist $f_1(z) = z\,I_1(z)$ und für $z > 0$

$$f_1(z) = \sqrt{\frac{z}{2\pi}}\, e^z(1 + O(z^{-1})) \qquad (z \to +\infty).$$

Mit dem festen Wert $\sigma_1 = \varrho_1 - \varrho_1'$ gilt daher auch

$$p_n([k],[l],N) = \frac{\omega_0}{2n + N\beta} f_1\left(\varrho_1\sqrt{n + \frac{N}{2}\beta}\right)\left(1 + O\left(e^{-\sigma_1\sqrt{n + \frac{N}{2}\beta}}\right)\right). \tag{10.8}$$

Ferner gilt in elementaren Ausdrücken und mit nicht verschärfbarer Fehlerabschätzung

$$p_n([k],[l],N) = \frac{1}{2}\sqrt[4]{\frac{\bar{K}}{3N}}\,\omega_0\, n^{-\frac{3}{4}}\, e^{\varrho_1\sqrt{n}}\left(1+O\left(n^{-\frac{1}{2}}\right)\right). \tag{10.9}$$

Alle in O auftretenden Konstanten hängen nur von den Daten N, $b = b_i$ $(1 \leqq i \leqq \mu)$, $[k]$, $[l]$ des gegebenen Partitionenproblems ab.

Wir heben ein Phänomen hervor, das an diesem Ergebnis bemerkenswert ist. Die Beschränkung für die Häufigkeit des Auftretens der Summanden in gewissen der vorgeschriebenen Farben wirkt sich im Hauptglied von (10.9) in zwei Hinsichten aus. Einmal, lediglich auf $\bar{K}$ bzw. ϱ_1, dahin, daß die betreffende Farbenzahl k_{b_ν} in dem Ausdruck für $\bar{K}$ den Faktor $1 - \frac{1}{l_{b_\nu}}$ erhält, wenn die Häufigkeitsgrenze gleich $l_{b_\nu} - 1$ ist; ohne die Beschränkung träte k_{b_ν} (und tritt k_{b0}) mit dem Faktor 1 auf. Dieser Effekt hat nur für die Konstante ϱ_1 im Exponenten und den „trivialen" Faktor $\frac{1}{2}\sqrt[4]{\frac{\bar{K}}{3N}}$ Bedeutung. Der andere Effekt betrifft den „nicht-trivialen" arithmetischen Faktor ω_0, dessen Beziehung zu den Kreiseinheiten uns noch beschäftigen wird und der von k_{b_ν}, l_{b_ν} $(1 \leqq \nu \leqq f_b)$ überhaupt nicht abhängt. Man hat ihn also durch 1 zu ersetzen, wenn man eine umfassende Häufigkeitsbeschränkung nachträglich hinzufügt.

Zur Erläuterung betrachten wir ein etwas vereinfachtes Partitionenproblem. Es unterscheidet sich von dem allgemeinen dadurch, daß jetzt nur die b mit $1 \leqq b \leqq \frac{N}{2}$, $(b, N) = 1$ auftreten und daß gar keine Häufigkeits-Beschränkungen vorliegen; das bedeutet $k_b = k_{b0}$, $f_b = 0$ für die genannten b. Aus diesem Problem leiten wir ein zweites dadurch ab, daß wir für die Summanden $m \equiv \pm b \bmod N$ in allen ihren k_b Farben die Häufigkeitsgrenze $l_b - 1$ postulieren. Dabei seien k_b, l_b ganz und

$$k_b \geqq 0,\ l_b \geqq 2,\quad \sum_b k_b > 0 \ \left(1 \leqq b \leqq \frac{N}{2}, (b, N) = 1\right).$$

Bedeuten p_n, p_n' die Anzahlen der Partitionen von n nach der ersten bzw. zweiten Vorschrift, so ergibt (10.9):

$$\begin{aligned} p_n &= \frac{1}{2}\sqrt[4]{\frac{1}{3N}\sum_b k_b}\,\prod_b\left(2\sin\pi\frac{b}{N}\right)^{-k_b} n^{-\frac{3}{4}}\exp\left(2\pi\sqrt{\frac{1}{3N}\left(\sum_b k_b\right)n}\right)\left(1+O\left(n^{-\frac{1}{2}}\right)\right) \\ p_n' &= \frac{1}{2}\sqrt[4]{\frac{1}{3N}\sum_b k_b\left(1-\frac{1}{l_b}\right)}\,n^{-\frac{3}{4}}\exp\left(2\pi\sqrt{\frac{1}{3N}\left(\sum_b k_b\left(1-\frac{1}{l_b}\right)\right)n}\right)\left(1+O\left(n^{-\frac{1}{2}}\right)\right). \end{aligned} \tag{10.10}$$

Will man jedoch die sehr viel genauere Aussage (10.8) anwenden, so hat man einen weiteren Unterschied zwischen p_n und p_n' zu berücksichtigen: Für β erhält man

$$\beta = -\sum_b k_b\, g_2\left(\frac{b}{N}\right) \quad \text{bzw.}\quad \beta = \sum_b k_b\,(l_b - 1)\, g_2\left(\frac{b}{N}\right). \tag{10.11}$$

Wir betrachten das erste der vereinfachten Probleme noch zu einem anderen Zwecke. Hier ist, wenn $K = \sum_b k_b$ gesetzt wird, für $a_2 \not\equiv 0 \bmod N$

$$\beta_A - \beta_T = \sum_b k_b\left(\frac{1}{6} - g_2\left(\frac{a_2 b}{N}\right)\right) \geqq K\frac{N-1}{N^2}.$$

Wir wollen dieses Problem formal dahin modifizieren, daß neben ganzen $k_b \geqq 0$ nun auch negative k_b zuzulassen sind. Mit

(10.12) $$K^+ = \sum_{b,\, k_b > 0} k_b\,, \; K^- = \sum_{b,\, k_b < 0} k_b,\; \underline{K} = \frac{N-1}{N^2}\, K^+ + \frac{1}{4} K^-$$

ergibt sich dann

$$\beta_A - \beta_T \geqq \underline{K} \qquad (a_2 \not\equiv 0 \bmod N)\,.$$

Daraus geht hervor, daß die bei (10.5) formulierte Aussage stets zutrifft, wofern nur $\underline{K} > 0$ ist. Da die Vorzeichen der k_b — abgesehen von dieser Voraussetzung $\underline{K} > 0$ — für die oben entwickelte Theorie belanglos sind, gilt der folgende

Satz 15. *Jedem ganzen b mit $1 \leqq b \leqq \frac{N}{2}$, $(b, N) = 1$ sei eine ganze Zahl k_b zugeordnet; unter den k_b gebe es negative, es sei aber $K = \sum_b k_b > 0$ (so daß die vorgegebene natürliche Zahl $N = 5$ oder $\geqq 7$ sein muß). Man betrachte die Gesamtheit $\mathfrak{P}_n^*$ derjenigen Partitionen von n, deren sämtliche Summanden zu N teilerfremd sind und die wie folgt gebildet werden sollen:*

Ist $k_b > 0$, so treten die Summanden $m \equiv \pm b$ mod N in k_b Farben und in jeder von ihnen beliebig oft auf;

ist $k_b = 0$, so treten keine Summanden $m \equiv \pm b$ mod N auf;

ist $k_b < 0$, so treten die Summanden $m \equiv \pm b$ mod N in $-k_b$ Farben und in jeder von ihnen höchstens einmal auf.

Für jede solche Partition $\mathfrak{p}$ von $\mathfrak{P}_n^*$ verstehe man unter $\nu(\mathfrak{p})$ die Anzahl derjenigen Summanden m, welche $m \equiv \pm b$ mod N mit $k_b < 0$ erfüllen, wobei mehrfach (in verschiedenen Farben) auftretende mit dieser Vielfachheit gezählt werden. Es sei in den Bezeichnungen (10.12): *$\underline{K} > 0$, d. h. $|K^-| < 4 \frac{N-1}{N^2} K^+$. Dann gelten für*

$$p_n^*([k], N) = \sum_{\mathfrak{p} \subset \mathfrak{P}_n^*} (-1)^{\nu(\mathfrak{p})}$$

die Sachverhalte (7.8), *Satz* 9 *und Satz* 14, *der letztere mit folgenden Werten:*

$$\omega_0 = \prod_b \left(2 \sin \pi \frac{b}{N}\right)^{-k_b},\; \varrho_1 = 2\pi \sqrt{\frac{K}{3N}},\; \varrho_1' = 2\pi \sqrt{\frac{K'}{3N}},$$

$$K = \overline{K} = \sum_b k_b,\; K' = \max\left(\frac{1}{4} K,\; K - 6\underline{K}\right)$$

und dem ersten Wert (10.11) *für β.*

Diese Aussage besteht natürlich auch, wenn alle $k_b \geqq 0$ sind, wo sie im wesentlichen in Satz 14 enthalten ist. Nur die Werte K' und $\overline{K}'$ sind i. a. verschieden, und zwar ist dann K' kleiner als $\overline{K}'$, was eine Verschärfung der Fehler-Abschätzung in (10.7, 8) bedeutet.

11. Asymptotische Relationen zwischen Partitionenanzahlen im Zusammenhang mit Klassenzahlen reeller absolut-abelscher Zahlkörper

Wir nennen zwei Folgen, deren Glieder α_n, β_n für alle hinreichend großen n erklärt und von Null verschieden sind, asymptotisch proportional, wenn der Quotient $\frac{\alpha_n}{\beta_n}$ für $n \to \infty$ gegen einen von Null verschiedenen Limes strebt. Aus Satz 14 folgt

Satz 16. *Es seien*

$$p_n = p_n([k], [l], N), \; p_n^* = p_n([k^*], [l^*], N^*)$$

zwei Partitionenfunktionen von der in Satz 13 vorausgesetzten Beschaffenheit und $\bar{K}^*$, ω_0^* *die dem Parametersystem* $[k^*]$, $[l^*]$, N^* *zugeordneten,* $\bar{K}$ *bzw.* ω_0 *entsprechenden Zahlen. Die beiden Folgen* p_n *und* p_n^* *sind genau dann asymptotisch proportional, wenn* $\frac{\bar{K}}{N} = \frac{\bar{K}^*}{N^*}$ *zutrifft, und es gilt dann*

$$\frac{p_n^*}{p_n} = \frac{\omega_0^*}{\omega_0}\left(1 + O\left(n^{-\frac{1}{2}}\right)\right) \to \frac{\omega_0^*}{\omega_0}. \tag{11.1}$$

Wenn umgekehrt für zwei feste reelle Zahlen α, α^* *die Folgen* $(p_n^*)^{\alpha^*}$ *und* p_n^{α} *asymptotisch proportional sind, so ist notwendig* $\alpha = \alpha^*$; *im nichttrivialen Falle* $\alpha \neq 0$ *gilt überdies notwendig* $\frac{\bar{K}^*}{N^*} = \frac{\bar{K}}{N}$, *also* (11.1).

Wir verknüpfen eine Anwendung dieses Satzes mit folgender Bemerkung: Wenn für einige der $b = b_i$ $(1 \leqq i \leqq \mu)$ aus Satz 14 die Werte k_{b0}, f_b und für jedes $\nu = 1, 2, \cdots, f_b$ auch die Werte $k_{b\nu}$, $l_{b\nu}$ übereinstimmen, so können die positiven m der entsprechenden Restklassen $\pm b \bmod N$ zu einem System $\mathfrak{S}$ derart zusammengefaßt werden, daß in das Partitionenproblem die m dieses Systems $\mathfrak{S}$ als Summanden mit den jenen b gemeinsamen Farbenanzahlen k_{b0}, $k_{b\nu}$ und den Häufigkeitsgrenzen $l_{b\nu} - 1$ $(1 \leqq \nu \leqq f_b)$ eingehen. Es seien also (bei festem N) h' Systeme $\mathfrak{S}_g$ $(1 \leqq g \leqq h')$ dieser Art mit den Farbenanzahlen k_{g0}, $k_{g\nu}$ und den Häufigkeitsgrenzen $l_{g\nu}-1$ $(1 \leqq \nu \leqq f_g)$ gegeben, und es sei $p_n([\mathfrak{S}], [k], [l], N)$ die gemäß 1.c. mit diesen Daten gebildete Partitionenanzahl. Dann läßt sich $p_n([\mathfrak{S}], [k], [l], N)$ als Partitionenfunktion im Sinne von Satz 14 deuten, für die dann also neben (7.8) und Satz 9 auch die Aussagen jenes Satzes gelten, falls die Voraussetzung (10.4) erfüllt ist.

Als erste Anwendung betrachten wir den Fall, in dem N die Diskriminante eines reellquadratischen Zahlkörpers **K**, $h' = 2$, $\mathfrak{S}_1 = \mathfrak{S}^+$ bzw. $\mathfrak{S}_2 = \mathfrak{S}^-$ das System der natürlichen m mit $\left(\frac{N}{m}\right) = +1$ bzw. -1 ist. $\left[\left(\frac{N}{m}\right) = \text{Kronecker-Symbol}\right]$. Die zugehörigen Farbenanzahlen seien, entsprechend geordnet, k_0^+ bzw. k_0^-, k_ν^+ bzw. k_ν^-, die Häufigkeitsgrenzen in den letzteren l_ν^+-1 bzw. l_ν^--1 $(1 \leqq \nu \leqq f^+$ bzw. $1 \leqq \nu \leqq f^-)$. Die so erklärte Partitionenfunktion bezeichnen wir mit $p_n\left([k], [l], N; \left(\frac{N}{*}\right)\right)$.

Von den wichtigsten Konstanten $\bar{K}$, ω_0 wird zunächst

$$\bar{K} = \frac{1}{4}\varphi(N)\left\{k_0^+ + k_0^- + \sum_{1 \leq \nu \leq f^+} k_\nu^+\left(1 - \frac{1}{l_\nu^+}\right) + \sum_{1 \leq \nu \leq f^-} k_\nu^-\left(1 - \frac{1}{l_\nu^-}\right)\right\}, \tag{11.2}$$

wo φ die Eulersche Funktion angibt. Um ω_0 zu bestimmen, betrachten wir die Produkte

$$p^+ = \prod_{1 \leq b < \frac{N}{2}}^{+}\left(2 \sin \pi \frac{b}{N}\right), \quad p^- = \prod_{1 \leq b \leq \frac{N}{2}}^{-}\left(2 \sin \pi \frac{b}{N}\right).$$

Der obere Index $+$ bzw. $-$ an $\prod$ bedeutet, daß b zusätzlich der Bedingung $\left(\frac{N}{b}\right) = +1$ bzw. $\left(\frac{N}{b}\right) = -1$ unterliegt. Bekanntlich ergibt ein analytisches Verfahren

$$\frac{p^-}{p^+} = \varepsilon^h \qquad (\varepsilon \text{ Grundeinheit} > 1,\ h \text{ Klassenzahl von } \mathrm{K}); \tag{11.3}$$

dagegen läßt sich $p^- p^+$ elementar berechnen: Man hat einerseits

$$(p^- p^+)^2 = \prod_{\substack{b=1\\(b,N)=1}}^{N-1} \left(2 \sin \pi \frac{b}{N}\right) = \prod_{\substack{b \bmod N\\(b,N)=1}} \left(1 - e^{2\pi i \frac{b}{N}}\right).$$

Setzt man für beliebiges ganzes $N > 0$

$$\varphi_N(x) = \prod_{\substack{b \bmod N\\(b,N)=1}} \left(x - e^{2\pi i \frac{b}{N}}\right), \; f_N(x) = \prod_{\substack{b \bmod N\\ b \not\equiv 0\,(N)}} \left(x - e^{2\pi i \frac{b}{N}}\right),$$

so findet man andererseits

$$\varphi_N(x) = \prod_{t \mid N,\, t>0} \left(f_t(x)\right)^{\mu\left(\frac{N}{t}\right)} \qquad (N > 1)$$

und daraus

$$\varphi_N(1) = \prod_{t \mid N,\, t>0} t^{\mu\left(\frac{N}{t}\right)} = \prod_{t \mid N,\, t>0} t^{-\mu(t)} = \begin{Bmatrix} q \\ 1 \end{Bmatrix},$$

je nachdem, ob N einen einzigen Primteiler (und zwar q) hat oder nicht; dabei durchläuft t die positiven Teiler von N und μ bezeichnet die Möbiussche Funktion. In der Bedeutung

$$\delta_0 = \frac{1}{2}\left(k_0^+ - k_0^-\right), \; k_0 = k_0^+ + k_0^-$$

(11.4)
$$\sigma(N, k_0) = \begin{cases} q^{-\frac{1}{4}k_0}, & \text{wenn } N = q^{\alpha},\ q \text{ Primzahl, } \alpha \text{ ganz;} \\ 1, & \text{wenn } N \text{ zwei verschiedene Primteiler hat} \end{cases}$$

ergibt sich also nach (11.3):

(11.5)
$$\omega_0 = \left(p^-\right)^{-k_0^-} \left(p^+\right)^{-k_0^+} = \varepsilon^{\delta_0 h} \sigma(N, k_0)$$

und daher gilt nach Satz 14, 16:

Satz 17. *Bezeichnet* $p_n\left([k], [l], N; \left(\frac{N}{*}\right)\right)$ *die oben mit Hilfe des Kronecker-Symbols* $\left(\frac{N}{*}\right)$ *für* N = *Diskriminante eines reell quadratischen Zahlkörpers* K *erklärte Partitionenanzahl, so bestehen für diese die Aussagen* (7.8), *Satz 9 und* (10.7,8). *Darüber hinaus gilt in den Bezeichnungen* (11.2,3,4) *und mit* $\varrho_1 = 2\pi\sqrt{\frac{\overline{K}}{3N}}$:

$$p_n\left([k], [l], N; \left(\frac{N}{*}\right)\right) = \frac{1}{2}\sqrt[4]{\frac{\overline{K}}{3N}}\, \sigma(N, k_0)\, \varepsilon^{\delta_0 h}\, n^{-\frac{3}{4}} e^{\varrho_1 \sqrt{n}} \left(1 + O\left(n^{-\frac{1}{2}}\right)\right).$$

Für eine zweite Partitionenfunktion $p_n\left([k^*], [l^*], N^*; \left(\frac{N^*}{*}\right)\right)$ *gilt, wenn bei analogen Bezeichnungen* $\frac{\overline{K}}{N} = \frac{\overline{K}^*}{N^*}$ *zutrifft:*

$$\frac{p_n\left([k], [l], N; \left(\frac{N}{*}\right)\right)}{p_n\left([k^*], [l^*], N^*; \left(\frac{N^*}{*}\right)\right)} = \frac{\sigma(N, k_0)}{\sigma(N^*, k_0^*)}\, \varepsilon^{\delta_0 h} \varepsilon^{*-\delta_0^* h^*} \left(1 + O\left(n^{-\frac{1}{2}}\right)\right)$$

Ist speziell $N^* = N$, $k_0^{+*} = k_0^-$, $k_0^{-*} = k_0^+$ *und* $\bar{K}^* = \bar{K}$, *so gilt*

$$\frac{p_n\left([k],[l],N;\left(\frac{N}{*}\right)\right)}{p_n\left([k^*],[l^*],N;\left(\frac{N}{*}\right)\right)} = \varepsilon^{\left(k_0^+-k_0^-\right)h}\left(1+O\left(n^{-\frac{1}{2}}\right)\right).$$

Wir heben zwei Sonderfälle dieses Satzes hervor.

Satz 18. (N, K, ε, h *wie oben*). *Es bezeichne* $\pi_n\left(k^+, k^-, N; \left(\frac{N}{*}\right)\right)$ *die Anzahl der Partitionen von n in zu N teilerfremde Summanden m, von denen die m mit* $\left(\frac{N}{m}\right) = +1$ *in* k^+, *die m mit* $\left(\frac{N}{m}\right) = -1$ *in* k^- *Farben auftreten* (k^+ *und* $k^- \geqq 0$, $k^+ + k^- > 0$), *ohne daß eine Beschränkung der Häufigkeit verlangt wird. Dann gilt*

$$\frac{\pi_n\left(k^+,k^-N;\left(\frac{N}{*}\right)\right)}{\pi_n\left(k^-,k^+,N;\left(\frac{N}{*}\right)\right)} = \varepsilon^{(k^+-k^-)h}\left(1+O\left(n^{-\frac{1}{2}}\right)\right);$$

für $k^+ = 1$, $k^- = 0$ *steht im Zähler (bzw. Nenner) die Anzahl der Partitionen sonst üblicher Zählung, deren sämtliche Summanden m die Bedingung* $\left(\frac{N}{m}\right) = +1$ $\left(bzw.\ \left(\frac{N}{m}\right) = -1\right)$ *erfüllen. Modifiziert man aber* $\pi_n\left(k^+, k^-, N; \left(\frac{N}{*}\right)\right)$ *dahin, daß man den m mit* $\left(\frac{N}{m}\right) = +1$ $\left(bzw.\ \left(\frac{N}{m}\right) = -1\right)$ *in allen ihren Farben die Häufigkeitsgrenze* $l^+ - 1$ (*bzw.* $l^- - 1$) *auferlegt, so gilt für die entstehende Anzahlfunktion* $\pi_n\left(k^+, k^-, l^+, l^-, N; \left(\frac{N}{*}\right)\right)$:

$$\frac{\pi_n\left(k^+,k^-,l^+,l^-,N;\left(\frac{N}{*}\right)\right)}{\pi_n\left(k^-,k^+,l^-,l^+,N;\left(\frac{N}{*}\right)\right)} = 1+O\left(n^{-\frac{1}{2}}\right).$$

Die Konstanten in den Funktionszeichen O von Satz 17 und 18 hängen höchstens von den jeweiligen Problemdaten ab (also von N, $[k]$, $[l]$, soweit Parameter dieser Art gegeben sind).

Von diesem Zusammenhang existiert, wie wir jetzt zeigen wollen, eine weitreichende Verallgemeinerung, in der die Klassenzahl eines beliebigen reellen absolut-abelschen Zahlkörpers auftritt. Allerdings komplizieren sich dabei die Verhältnisse beträchtlich, so daß sie nicht mehr durch Aussagen vom Charakter einer asymptotischen Proportionalität beschrieben werden können. Die im folgenden verwendeten Sachverhalte aus der Theorie der algebraischen Zahlen entnehmen wir der Monographie [12] von Herrn Hasse.

Es bezeichne $\mathfrak{R}$ die multiplikative Gruppe der teilerfremden Restklassen mod N ($N > 2$), $\mathfrak{G}$ eine Untergruppe von $\mathfrak{R}$ derart, daß N der Führer von $\mathfrak{G}$ ist und daß die Restklasse von -1 zu $\mathfrak{G}$ gehört. Der $\mathfrak{G}$ zugeordnete Klassenkörper K über dem Körper P der rationalen Zahlen ist also reell, galoissch und in $\mathrm{P}\left(\exp \frac{2\pi i}{N}\right)$ enthalten. Wir nenen μ den Index von $\mathfrak{G}$ in $\mathfrak{R}$, χ die Charaktere der Faktorgruppe $\mathfrak{F} = \mathfrak{R}/\mathfrak{G}$; die Elemente von $\mathfrak{F}$ werden durch die Restklassen s eines Vertretersystems $\mathfrak{B}$ von $\mathfrak{R}$ mod $\mathfrak{G}$ in der Gestalt $s\,\mathfrak{G}$ dargestellt.

Jedem s in $\mathfrak{B}$ entspreche des Systems $\mathfrak{S}_s$ der natürlichen Zahlen m, die einer Restklasse von $s\mathfrak{G}$ angehören. Die Farbenanzahlen werden mit $k_{s,0}$ (ohne Häufigkeits-Beschränkung), und $k_{s,\nu}$ (mit Häufigkeitsgrenze $l_{s,\nu}-1$, $1 \leqq \nu \leqq f_s$, $f_s \geqq 0$, $s \subset \mathfrak{B}$) bezeichnet. Man darf annehmen, daß diese k, f, l als Funktionen ihres Index s für alle Restklassen s aus $\mathfrak{R}$ erklärt sind und von s nur mod $\mathfrak{G}$ abhängen; das bedeutet, daß mit den s wie mit den Elementen der Gruppe $\mathfrak{F}$ gerechnet werden kann. In diesem Sinne ist z. B. t^{-1} zu verstehen. r, s, t unter einem Zeichen $\sum$ oder $\prod$ soll bedeuten, daß über alle r, s, t aus $\mathfrak{B}$ (oder aus $\mathfrak{F}$) summiert bzw. multipliziert wird. Der so gemäß 1.c. bestimmten Partitionenfunktion π_n ($[k]$, $[l]$, $\mathfrak{G}$) werden ihre μ „Konjugierten“ $\pi_n^{(t)}$ ($[k]$, $[l]$, $\mathfrak{G}$) (t in $\mathfrak{B}$) durch die bei gegebenem t in $\mathfrak{B}$ auszuübende Substitution

(11.6) $$k_{s,0} \to k_{st^{-1},0}\,,\ f_s \to f_{st^{-1}}\,,\ k_{s,\nu} \to k_{st^{-1},\nu},\ l_{s,\nu} \to l_{st^{-1},\nu}$$

zugeordnet; nach Ausübung der Substitution läuft ν von 1 bis $f_{st^{-1}}$ und die neuen Werte (die den Index st^{-1} tragen) sind gemäß 1.c. mit $\mathfrak{S}_s$ zu verknüpfen.

Allen diesen konjugierten $\pi_n^{(t)}$ (t in $\mathfrak{B}$) entspricht der gemeinsame Wert

$$\bar{K} = \frac{\varphi(N)}{2\mu} \sum_{s \subset \mathfrak{B}} \left\{ k_{s,0} + \sum_{\nu=1}^{f_s} k_{s,\nu} \left(1 - \frac{1}{l_{s,\nu}}\right) \right\}$$

während das jeweilige $\omega_0 = \omega_0^{(t)}$ gemäß

$$\omega_0^{(t)} = \prod_{s \subset \mathfrak{B}} \exp\left(-k_{st^{-1},0}\, \lambda(s\mathfrak{G})\right),\quad \lambda(s\mathfrak{G}) = \log \prod_{\substack{b \subset s\mathfrak{G} \\ 0<2b<N}} \left(2 \sin \pi \frac{b}{N}\right)$$

von t abhängt. Nach (10.9) gilt

(11.7) $$\log \pi_n^{(t)}([k], [l], \mathfrak{G}) = \\ = \varrho_1 \sqrt{n} - \frac{3}{4} \log n + \frac{1}{2} \log \frac{\varrho_1}{8\pi} + \sum_{s \subset \mathfrak{B}} \left(-k_{st^{-1},0}\right) \lambda(s\mathfrak{G}) + O\left(n^{-\frac{1}{2}}\right).$$

Für das Folgende benötigen wir das Nichtverschwinden der Determinante

(11.8) $$D = |\, k_{st^{-1},0} \,| \neq 0 \quad (s, t \text{ in } \mathfrak{B};\ s \text{ Zeilen-, } t \text{ Spaltenindex});$$

dies bedeutet im Sonderfall der ersten Formel von Satz 17, daß $(k_0^+)^2 - (k_0^-)^2 \neq 0$, d. h. $k_0^+ \neq k_0^-$. Die zu $(k_{st^{-1},0})$ (s, t wie oben) inverse Matrix

$$W = (w_{s,t}) = (k_{st^{-1},0})^{-1}$$

hat lauter rationale Elemente $w_{s,t} = w_{rs,rt}$ mit dem Nenner D, und ihre Zeilen- und Spaltensummen haben den vom Index unabhängigen Wert

$$w = \sum_t w_{r,t} = \left(\sum_s k_{s,0}\right)^{-1}$$

Man multipliziere nun (11.7) mit $w_{t,r}$ (r in $\mathfrak{B}$), summiere das Ergebnis über die t aus $\mathfrak{B}$, multipliziere beiderseits mit $\chi(r)$, summiere das Ergebnis über die r aus $\mathfrak{B}$ und bilde schließlich beiderseits das Produkt über die Charaktere $\chi \neq 1$ von $\mathfrak{F} = \mathfrak{R}/\mathfrak{G}$. Dann findet man nach [12] 10, S. 21 mit der dort angegebenen Bedeutung von g_K, h, R:

(11.9) $$\prod_{\chi \neq 1} \sum_{r,t \subset \mathfrak{B}} \chi(r)\, w_{t,r} \log \pi_n^{(t)}([k], [l], \mathfrak{G}) = g_K h R + O\left(n^{-\frac{1}{2}}\right).$$

Der durch (11.9) ausgedrückte Sachverhalt ist noch einer wesentlichen Erweiterung fähig. Da das asymptotische Hauptglied von π_n ($[k]$, $[l]$, $\mathfrak{G}$) gegen eine Änderung der $k_{s,\nu}$, $l_{s,\nu}$ ($1 \leqq \nu \leqq f_s$) unempfindlich ist, falls nur der Wert $\bar{K}$ erhalten bleibt, gilt (11.9) auch noch, wenn $\pi_n^{(t)}$ durch eine gegenüber (11.6) verallgemeinerte Substitution

(11.10) $$k_{s,0} \to k_{st^{-1},0},\ f_s \to f_s^{(t)},\ k_{s,\nu} \to k_{s,\nu}^{(t)},\ l_{s,\nu} \to l_{s,\nu}^{(t)} \\ \{1 \leqq \nu \leqq f_s\} \to \{1 \leqq \nu \leqq f_s^{(t)}\}$$

wie oben erklärt wird, vorausgesetzt lediglich, daß

$$\sum_{s \subset \mathfrak{V}} \sum_{1 \leq \nu \leq f_s^{(t)}} k_{s,\nu}^{(t)} \left(1 - \frac{1}{l_{s,\nu}^{(t)}}\right)$$

von t nicht abhängt.

Ein übersichtlicheres Resultat erhält man, wenn man $k_{s,0} = k$ oder $=$ Null wählt, je nachdem s in $\mathfrak{G}$ liegt oder nicht; in diesem Falle wird $\sum\limits_r \chi(r)\, w_{t,r} = \frac{1}{k} \chi(t)$ (t in $\mathfrak{V}$), es gilt (11.8), und man gewinnt den folgenden Satz:

Satz 19. *Es seien N, $\mathfrak{R}$, $\mathfrak{G}$, K wie im Text erklärt, und es durchlaufe s ein Vertretersystem $\mathfrak{V}$ der Nebenklassen von $\mathfrak{R}$ nach $\mathfrak{G}$. Für jedes s in $\mathfrak{V}$ bezeichne $\mathfrak{S}_s$ die Menge der natürlichen m, die einer Restklasse von $s\,\mathfrak{G}$ angehören. Es sei k eine ganze Zahl $\geqq 0$; jedem Paar von Restklassen s, t in $\mathfrak{V}$ entspreche ein System ganzer $f_s^{(t)} \geqq 0$, $k_{s,\nu}^{(t)} \geqq 1$, $l_{s,\nu}^{(t)} \geqq 2$ $(1 \leqq \nu \leqq f_s^{(t)})$ derart, daß*

$$k + \sum_{s \subset \mathfrak{V}} \sum_{1 \leq \nu \leq f_s^{(t)}} k_{s,\nu}^{(t)} \left(1 - \frac{1}{l_{s,\nu}^{(t)}}\right) > 0 \tag{11.11}$$

ist und von t nicht abhängt. Für gegebenes t in $\mathfrak{V}$ bezeichne $\pi_{0n}^{(t)}([k], [l], \mathfrak{G})$ die Anzahl der Partitionen von n in zu N teilerfremde Summanden, die wie folgt zu zählen sind:

Für $k = 0$ treten keine Summanden ohne Häufigkeits-Beschränkung auf; für $k > 0$ treten genau die Summanden m der Menge $\mathfrak{S}_t$ ohne Häufigkeitsbeschränkung auf; diese Summanden erscheinen in k Farben;

für $f_s^{(t)} > 0$ treten bei beliebigem s in $\mathfrak{V}$ außerdem die Summanden von $\mathfrak{S}_s$ in $k_{s,\nu}^{(t)}$ Farben höchstens $(l_{s,\nu}^{(t)} - 1)$-mal auf $(1 \leqq \nu \leqq f_s^{(t)})$;

für $s = t$ sind alle $k + \sum\limits_{1 \leq \nu \leq f_s^{(t)}} k_{s,\nu}^{(t)}$, für die anderen s in $\mathfrak{V}$ sind alle $\sum\limits_{1 \leq \nu \leq f_s^{(t)}} k_{s,\nu}^{(t)}$ Farben, in denen die m von $\mathfrak{S}_s$ auftreten, verschieden zu wählen. Dann gilt

$$\prod_{\chi \neq 1} \sum_{t \subset \mathfrak{V}} \chi(t) \log \pi_{0n}^{(t)}([k], [l], \mathfrak{G}) = k^{\mu - 1} g_{\mathrm{K}} R\, h + O\left(n^{-\frac{1}{2}}\right). \tag{11.12}$$

Hier und in dem Ausdruck für g_{K} durchläuft χ alle vom Hauptcharakter verschiedenen Charaktere der Faktorgruppe $\mathfrak{R}/\mathfrak{G}$; es bezeichnet μ den Absolutgrad, R den Regulator, h die Klassenzahl von K, und es ist

$$g_{\mathrm{K}} = \prod_{q \mid N} \prod_{\chi \neq 1} \left(1 - \chi(q)\right),$$

wo q die verschiedenen Primteiler von N durchläuft und der Charakter auf seinen Führer als Modul zu erweitern ist. Die Konstante in O hängt höchstens von den Problemdaten N, $[k]$, $[l]$ ab.

Setzt man alle $f_s^{(t)} = 0$, so handelt es sich in $\pi_{0n}^{(t)} = \pi_{0n}^{(t)}(k, \mathfrak{G})$ für $k > 0$ um die Anzahl der Partitionen von n in zu N teilerfremde Summanden, die sämtlich dem System $\mathfrak{S}_t$ (Restklassen aus $t\mathfrak{G}$) angehören; diese Summanden treten in k Farben auf. Für $k = 1$ hat man die sonst übliche Zählung der Partitionen anzuwenden. Im Falle $k = 0$ ist die Relation (11.12) sinnvoll und richtig, wenn nicht alle $f_s^{(t)}$ verschwinden.

Wie Herr Hasse in [12] II, 18. am Beispiel der reellen zyklischen biquadratischen Zahlkörper demonstriert, darf man das Verschwinden von g_{K} keineswegs als Ausnahme, sondern eher als eine Regel ansehen. Nur im Falle $N = q$ (Primzahl) ist g_{K} stets $= 1$. Daher läßt sich die Hauptformel (11.12) von Satz 19 insbesondere auf die folgende Problemgruppe anwenden: Man gebe ein ganzes $m_0 \geqq 2$ vor und wähle $N = q > 2$ als Primzahl so, daß $q \equiv 1 \bmod 2\,m_0$; dies bedeutet, daß -1 ein m_0-ter Potenzrest mod q ist. $\mathfrak{G}$ sei jetzt die Gruppe der Restklassen, in denen die m_0 ten Potenzreste mod q liegen. Dann gilt (11.12) mit folgenden Vereinfachungen: Die Faktorgruppe $\mathfrak{F} = \mathfrak{R}/\mathfrak{G}$ ist zyklisch von der Ordnung m_0, alle ihre Charaktere $\chi \neq 1$ haben den Führer q, und es ist daher $g_K = 1$.

Vom formal ästhetischen Standpunkte sind diejenigen Gestalten der asymptotischen Relationen (11.9, 12) am befriedigendsten, welche sich aus (11.9,12) durch die Linearfaktor-Zerlegung der Gruppendeterminante von $\mathfrak{F}$ ergeben (vgl. [12] II, 11.) Man findet auf Grund dieses Verfahrens, wenn $\sum_{s \subset \mathfrak{v}} k_{s,0} = \bar{k}_0$ geschrieben wird, (Bezeichnungen vgl. (11.8) und Satz 19)

$$(11.13)\qquad \begin{aligned} \frac{1}{R}\left| \log \frac{\pi_n^{(st^{-1})}([k],[l],\mathfrak{G})}{\pi_n^{(t^{-1})}([k],[l],\mathfrak{G})} \right| &= \frac{1}{R}\left| \log \frac{\pi_n^{(st^{-1})}}{\pi_n^{(s)}} \right| = \frac{D}{\bar{k}_0} g_K h + O\left(n^{-\frac{1}{2}}\right), \\ \frac{1}{R}\left| \log \frac{\pi_{0n}^{(st^{-1})}([k],[l],\mathfrak{G})}{\pi_{0n}^{(t^{-1})}([k],[l],\mathfrak{G})} \right| &= \frac{1}{R}\left| \log \frac{\pi_{0n}^{(st^{-1})}}{\pi_{0n}^{(s)}} \right| = k^{\mu-1} g_K h + O\left(n^{-\frac{1}{2}}\right). \end{aligned}$$

Die links und in der Mitte dieser Formeln stehenden Striche deuten eine Determinantenbildung an, in der etwa s als Zeilen-, t als Spaltenindex fungiert; s und t durchlaufen die von 1 (d. h. $\mathfrak{G}$) verschiedenen Elemente der Gruppe $\mathfrak{F}$ in der gleichen Reihenfolge.

Einen anderen und wohl einfacheren Beweis dieser Formeln gewinnt man aus der asymptotischen Proportionalität der in (11.13) auftretenden Partitionenanzahlen. Die von HASSE in [12] II, 10. erklärten Kreiseinheiten η_s (hier steht s anstelle des S bei HASSE) und ihre Konjugierten $\eta_s^{t^{-1}}$ hängen mit den hier oben eingeführten $\lambda(s\mathfrak{G})$ gemäß

$$|\eta_s| = e^{\lambda(\mathfrak{G}) - \lambda(s\mathfrak{G})}, \quad |\eta_s^{t^{-1}}| = e^{\lambda(t^{-1}\mathfrak{G}) - \lambda(st^{-1}\mathfrak{G})}$$

zusammen. Nach (11.1), Satz 16 wird

$$\frac{\pi_n^{(st^{-1})}([k],[l],\mathfrak{G})}{\pi_n^{(t^{-1})}([k],[l],\mathfrak{G})} = \frac{\omega_0^{(st^{-1})}}{\omega_0^{(t^{-1})}}\left(1 + O\left(n^{-\frac{1}{2}}\right)\right),$$

und der genannte Zusammenhang ergibt

$$\frac{\omega_0^{(st^{-1})}}{\omega_0^{(t^{-1})}} = \prod_{\varrho \subset \mathfrak{v}} \left| \eta_s^{\varrho^{-1}} \right|^{k_{\varrho^{-1}t,0}}.$$

Bildet man (unter der Bedingung $s, t \neq 1$) die Determinante der Logarithmen der Produkte auf der rechten Seite, so sieht man, daß diese den Wert

$$\frac{D}{\bar{k}_0} \left| \log \left| \eta_s^{t^{-1}} \right| \right|_{s \neq 1 \neq t} = \frac{D}{\bar{k}_0} R(\eta_s)$$

hat, wo nun $R(\eta_s)$, der Regulator des Systems der Kreiseinheiten η_s, mit Rg_K übereinstimmt. Die erste Formel (11.13) gilt also auch für $D = 0$, die zweite folgt aus der ersten durch Spezialisierung; insbesondere ergibt sich

$$\frac{\pi_{0n}^{(st^{-1})}([k],[l],\mathfrak{G})}{\pi_{0n}^{(t^{-1})}([k],[l],\mathfrak{G})} = \left| \eta_s^{t^{-1}} \right|^k \left(1 + O\left(n^{-\frac{1}{2}}\right)\right).$$

Mit diesen Ergebnissen sollen unsere Betrachtungen, soweit sie die asymptotischen Entwicklungen von Partitionenanzahlen betreffen, vorläufig beendet werden. Der folgende Paragraph behandelt eine abgeleitete Frage anderer Art. Wir wollen nur noch kurz auf diejenige Ergänzung hinweisen, die zur abschließenden Untersuchung des allgemeinsten unter 1.c. formulierten Problems notwendig ist.

Die Sätze 13 und 14 basieren auf zwei einschränkenden Voraussetzungen: Erstens tritt die Restklasse 0 mod N unter den Summanden der betreffenden Partitionen überhaupt nicht auf, zweitens sind die für gerades N und die Restklasse $\frac{1}{2} N$ mod N tatsächlich verwendeten Farbenanzahlen $2 k_{b\nu}$ $(0 \leqq \nu \leqq f_b,\ 2b = N)$ sämtlich gerade. Wenn man sich von diesen Voraussetzungen befreien will, hat man folgenden Ansatz zu machen:

Es entspreche jedem ganzen b mit $0 \leqq 2b \leqq N$ ein System ganzer

(11.14) $$k_{b0} \geqq 0,\ f_b \geqq 0,\ k_{b\nu} \geqq 1,\ l_{b\nu} \geqq 2 \qquad (0 \leqq 2b \leqq N,\ 1 \leqq \nu \leqq f_b)$$

derart, daß — was die bereits durchgeführten Fälle ausschließt —

(11.15) $$k_{00} + f_0 + k'_0 + f' > 0$$

zutrifft. Dabei werde abkürzend

$$k_{b0} = k'_0,\ f_b = f',\ k_{b\nu} = k'_\nu,\ l_{b\nu} = l'_\nu \text{ für } N \equiv 0 \bmod 2,\ 2b = N,\ 1 \leqq \nu \leqq f_b$$

geschrieben, während die k'_0, f', k'_ν für $N \equiv 1 \bmod 2$ verschwinden mögen. Ferner mögen $\bar{l}$ und $l^*_{b\nu}$ analog zu (9.12) unter Verwendung der sämtlichen b, ν mit $0 \leqq 2b \leqq N, 1 \leqq \nu \leqq f_b$ erklärt werden; wieder werde $l^*_{b\nu} = l'^*_\nu$ für $N \equiv 0 \bmod 2,\ 2b = N,\ 1 \leqq \nu \leqq f'$ geschrieben.

Man betrachte nun die Funktion (9.13) $R = R_0(\tau; [k], [l], N)$, die man unter Ausschluß der Werte $b = 0$, $b = \frac{1}{2} N$ und für $1 \leqq b < \frac{1}{2} N$ unter Verwendung der gegebenen Werte (11.14) bilde. Bezeichnet $\bar{l}_0$ den dabei auftretenden, $\bar{l}$ entsprechenden Wert, so gilt $\bar{l} = \bar{e}\,\bar{l}_0$ mit einem ganzen $\bar{e} > 0$. Eine erzeugende Funktion des allgemeinsten, mit den Parametern (11.14) nach dem Schema von l.c. gebildeten Partitionenproblems kann jetzt wie folgt dargestellt werden:

(11.16) $$R^*(\tau; [k], [l], N) = R_0\left(\frac{\tau}{\bar{e}}; [k], [l], N\right) \times$$
$$\times\ \eta^{-k_0}\left(\frac{\tau}{\bar{l}}\right)\left(\prod_{\nu=1}^{f_0} \eta^{k_{0\nu}}\left(\frac{\tau}{l^*_{0\nu}}\right)\right) \eta^{k'}\left(\frac{\tau}{\bar{l}}\right) \eta^{-k'}\left(\frac{\tau}{2\bar{l}}\right) \prod_{\nu=1}^{f'} \left(\eta^{k'_\nu}\left(\frac{\tau}{2\,l'^*_\nu}\right) \eta^{-k'_\nu}\left(\frac{\tau}{l'^*_\nu}\right)\right).$$

Hier tritt als neues Element gegenüber (9.13) die Modulform (8.1) $\eta(\tau)$ der Klasse $\left\{\Gamma, -\frac{1}{2}, \lambda\right\}$ auf; es ist analog zu (9.10)

$$k_0 = \sum_{0 \leqq \nu \leqq f_0} k_{0\nu},\quad k' = \sum_{0 \leqq \nu \leqq f'} k'_\nu$$

und bei ungeradem N jede Potenz von η mit einem Exponenten $\pm k'_0$, $\pm k'_\nu$ gleich 1 zu setzen. Die gesuchten Partitionenanzahlen erscheinen als Koeffizienten in der Entwicklung der Funktion (11.16) nach Potenzen von $u_{\bar{l}N}$; diese Funktion ist eine Modulform der Klasse $\left\{\Gamma\,[\bar{l}N],\ +\frac{1}{2} k_{00}, v^*\right\}$ mit einem gewissen Multiplikatorsystem v^* des Betrages 1, das sich multiplikativ aus λ-Werten und einem Kongruenzcharakter zusammensetzt und für $k_{00} = 0$ mit einem solchen übereinstimmt. Im Falle $k_{00} = 0$ hat man also die Ergebnisse der vorliegenden Untersuchung, im Falle $k_{00} > 0$ die Ergebnisse von [2] anzuwenden, um asymptotische Entwicklungen für die genannten, im Rahmen von l.c. allgemeinsten Partitionenfunktionen zu gewinnen.

12. Der Effekt der Tilgung einzelner Summanden in einem Partitionenproblem

Die folgenden Überlegungen zielen darauf ab, ein Verständnis für eines der merkwürdigsten Phänome der oben entwickelten Theorie vorzubereiten. Im einfachsten Falle (vgl. Satz 18) handelt es sich um die Anzahlen $p_n^+(N)$ bzw. $p_n^-(N)$ der Partitionen von n mit Summanden m, die sämtlich $\left(\frac{N}{m}\right) = +1$ bzw. $\left(\frac{N}{m}\right) = -1$ erfüllen. N ist die Diskriminante eines reell-quadratischen Zahlkörpers K: — (I): Werden beide Anzahlen ohne Häufigkeits-Beschränkung für die Summanden gebildet, so strebt der Quotient $p_n^+(N) \times (p_n^-(N))^{-1}$ gegen ε^h, wo ε die Grundeinheit > 1, h die Klassenzahl von K bezeichnet. (II): Werden dagegen beide Anzahlen mit der Häufigkeitsgrenze $l - 1$ ($\geqq 1$) für alle Summanden gebildet, so strebt der entsprechende Quotient gegen 1. — Ein Verständnis dieser Aussagen in ihrer vollen Tragweite würde eine elementar-arithmetische Verbindung der genannten Partitionenanzahlen mit der Struktur des Körpers K erfordern; ich glaube nicht, daß dergleichen gegenwärtig erreichbar ist. Wir wollen daher lediglich versuchen, durch relativ elementare Prozesse einen Einblick in den Mechanismus zu gewinnen, der bewirkt, daß der genannte Grenzwert im Falle (I) größer als 1, im Falle (II) hingegen gleich 1 ist.

In gröbster Annäherung wird man bei Partitionen ohne Häufigkeits-Beschränkung vermuten dürfen, daß der Beitrag der Partitionen mit kleinen Summanden den der Partitionen mit größeren Summanden — ceteris paribus — in der Anzahl-Bestimmung überwiegt; ob dies jedoch in dem Anwachsen des Hauptgliedes oder etwa nur in der Vergrößerung eines konstanten Faktors am Hauptglied oder sogar nur in einem additiven Zusatzglied niedrigerer Größenordnung zum Ausdruck kommt, läßt sich natürlich nicht voraussehen. Immerhin deutet die zitierte Aussage (I) einen Effekt dieser Art an: Nach der Dirichletschen Klassenzahlformel

$$\varepsilon^h = \prod_b{}^{-} \sin \pi \frac{b}{N} \prod_b{}^{+} \sin^{-1} \pi \frac{b}{N},$$

in der rechts gemäß $1 \leqq b < \frac{N}{2}$, $(b, N) = 1$, $\left(\frac{N}{b}\right) = -1$ bzw. $\left(\frac{N}{b}\right) = +1$ zu multiplizieren ist, überwiegt die Dichte der b mit $\left(\frac{N}{b}\right) = +1$ die der b mit $\left(\frac{N}{b}\right) = -1$ dort, wo $\sin \frac{\pi x}{N} \left(1 \leqq x \leqq \frac{N}{2}\right)$ sich am schnellsten ändert, also für kleinere Werte von b.

Man mag diesen Sachverhalt als förderlich zum Verständnis der Aussage (I) ansehen; irgend einen exakten Anhaltspunkt gibt er nicht. Man erhält aber eine exakte Aussage in der fraglichen Richtung, wenn man zunächst die — relativ bescheidene — Aufgabe löst, den Effekt der Tilgung endlich vieler gegebenen Summanden aus den Partitionen eines vorgelegten Problems auf das asymptotische Verhalten der Partitionenanzahl zu bestimmen. (Vgl. hierzu die Untersuchungen [13] über ein Parallelproblem.)

Wir diskutieren also die folgenden Fragen: Vorgelegt sei das allgemeine (primitive) Partitionenproblem des Satzes 14.

(a) Es seien $\alpha_1, \alpha_2, \cdots, \alpha_s$ verschiedene natürliche Zahlen und es trete α_j $(1 \leqq j \leqq s)$ in den Partitionen des Problems in mindestens μ_j Farben ohne Häufigkeits-Beschränkung auf, d. h. es gelte

$$(12.1) \qquad \begin{aligned} &1 \leqq \mu_j \leqq k_{b0}, \text{ wenn } \alpha_j \equiv \pm b \bmod N,\ 1 \leqq b < \frac{N}{2}; \text{ bzw.} \\ &1 \leqq \mu_j \leqq 2k_{b0}, \text{ wenn } \alpha_j \equiv \frac{N}{2} \bmod N,\ b = \frac{N}{2},\ N \equiv 0 \bmod 2. \end{aligned}$$

Aus der Anzahl $p_n = p_n([k], [l], N)$ entstehe p_n^* dadurch, daß den Summanden α_j $(1 \leqq j \leqq s)$ auferlegt wird, nur noch in $k_{b0} - \mu_j$ bzw. $2k_{b0} - \mu_j$ der ursprünglichen Farben ohne Häufigkeits-Beschränkung zu erscheinen.

(b) Es seien $\alpha_1, \alpha_2, \cdots, \alpha_s$ gleiche oder verschiedene natürliche Zahlen, und es trete α_j $(1 \leqq j \leqq s)$ in den Partitionen des Problems in mindestens μ_j Farben mit der genauen Häufigkeitsgrenze $l_j - 1$ auf, d. h. es gelte

(12.2)
$$1 \leqq \mu_j \leqq k_{b\nu},\ l_j = l_{b\nu},\ \text{wenn } \alpha_j \equiv \pm b \bmod N,\ 1 \leqq b < \frac{N}{2};\ \text{bzw.}$$
$$1 \leqq \mu_j \leqq 2k_{b\nu},\ l_j = l_{b\nu},\ \text{wenn } \alpha_j \equiv \frac{N}{2} \bmod N,\ b = \frac{N}{2},\ N \equiv 0 \bmod 2,$$

wo jeweils $\nu = \nu(j)$ einen festen der Werte $1, 2, \cdots, f_b$ bedeutet und bei Übereinstimmung zweier α_j die Verschiedenheit der zugehörigen l_j vorauszusetzen ist. Aus der Anzahl $p_n = p_n([k], [l], N)$ entstehe p_n^* dadurch, daß den Summanden α_j $(1 \leqq j \leqq s)$ auferlegt wird, nur noch in $k_{b\nu} - \mu_j$ bzw. $2k_{b\nu} - \mu_j$ der ursprünglichen Farben mit der genauen Häufigkeitsgrenze $l_j - 1$ zu erscheinen.

Gesucht ist beiden Fällen eine asymptotische Darstellung der Anzahlfunktion p_n^*. Zur Diskussion dieser Probleme empfehlen sich folgende Bezeichnungen: Es seien

(12.3)
$$r,\ \lambda,\ \eta \text{ feste reelle Zahlen, } \lambda > 0,$$
$$f_r(z) = z^r I_r(z) \quad (z > 0), \quad g_r(x) = f_r\left(4\pi\sqrt{\lambda x}\right) \quad (x > 0)^{*)};$$

mit ihnen schreiben wir (10.7) in der Gestalt

$$p_n = 8\pi^2 \lambda \omega_0 g_{-1}(n + \eta) + O\left((n+\eta)^{-\frac{3}{4}} e^{4\pi\sqrt{\lambda'(n+\eta)}}\right), \tag{12.4}$$

wozu wir $I_\nu(z) = I_{-\nu}(z)$ (ν ganz) benutzen und speziell

$$\lambda = \frac{\bar{K}}{12N},\ \eta = \frac{N}{2}\beta,\ \lambda' = \frac{\bar{K}'}{12N} \quad (0 < \lambda' < \lambda) \tag{12.5}$$

setzen. Die wichtigsten Eigenschaften von $g_r(x)$ bestehen in den Relationen

$$g_r'(x) = 8\pi^2 \lambda g_{r-1}(x), \tag{12.6}$$

$$g_r(x) = \sqrt{2}(4\pi)^{r-1}(\lambda x)^{\frac{r}{2}-\frac{1}{4}} e^{4\pi\sqrt{\lambda x}}\left(1 + O(x^{-\frac{1}{2}})\right) (x \to +\infty); \tag{12.7}$$

(zur letzteren vgl. [8]).

Wir beantworten zunächst die Frage (a). Tilgt man in den Partitionen des genannten Problems den einen Summanden α in einer seiner Farben, in der er ohne Häufigkeits-Beschränkung auftritt, so bedeutet dies, daß man von

$$\sum_{n=0}^{\infty} p_n u^n \text{ zu } (1 - u^\alpha) \sum_{n=0}^{\infty} p_n u^n = \sum_{n=0}^{\infty} (\Delta_\alpha p_n) u^n$$

überzugehen hat; hier wurde folgende Bezeichnung verwendet:

$$\Delta_\alpha f(x) = f(x) - f(x - \alpha),\ p_n = 0 \text{ für } n < 0. \tag{12.8}$$

Nun ergibt sich

$$p_n^* = \left(\prod_{j=1}^{s} \Delta_{\alpha_j}^{\mu_j}\right) p_n,$$

---

*) Eine Verwechselung mit dem $g_2(x)$ aus (8.24) ist nicht zu befürchten.

also nach (12.4)

$$p_n^* = 8\pi^2\lambda\,\omega_0\Big(\prod_{j=1}^{s}\Delta_{\alpha_j}^{\mu_j}\Big)g_{-1}(n+\eta)+O\Big((n+\eta)^{-\frac{3}{4}}e^{4\pi\sqrt{\lambda'(n+\eta)}}\Big).$$

Ein bekannter Satz der Differentialrechnung führt zu der Darstellung

$$p_n^* = 8\pi^2\lambda\,\omega_0\Big(\prod_{j=1}^{s}\alpha_j^{\mu_j}\Big)g_{-1}^{(s')}(\xi)+O\Big((n+\eta)^{-\frac{3}{4}}e^{4\pi\sqrt{\lambda'(n+\eta)}}\Big),$$

in der

$$s' = \sum_{j=1}^{s}\mu_j,\quad n+\eta-\sum_{j=1}^{s}\mu_j\alpha_j<\xi<n+\eta; \tag{12.9}$$

nach (12.6) wird daher

$$p_n^* = (8\pi^2\lambda)^{s'+1}\omega_0\Big(\prod_{j=1}^{s}\alpha_j^{\mu_j}\Big)g_{-s'-1}(\xi)+O\Big((n+\eta)^{-\frac{3}{4}}e^{4\pi\sqrt{\lambda'(n+\eta)}}\Big)$$

und nach (12.7) schließlich

$$p_n^* = \frac{1}{\sqrt{2}}\lambda^{\frac{1}{4}}\omega_0\Big(\prod_{j=1}^{s}(2\pi\sqrt{\lambda}\,\alpha_j)^{\mu_j}\Big)n^{-\frac{s'}{2}-\frac{3}{4}}e^{4\pi\sqrt{\lambda n}}\Big(1+O(n^{-\frac{1}{2}})\Big). \tag{12.10}$$

Diese Formel gilt auch für $s' = 0$. Wir formulieren das Ergebnis als

Satz 20. *Im Falle des Problems* (*a*) *gestattet* p_n^* *die asymptotische Darstellung* (12.10); *beim Übergang von* p_n *zu* p_n^* *geschieht also im Hauptglied folgendes:*

Die „exponentielle" Größenordnung $e^{4\pi\sqrt{\lambda n}}$ *bleibt unverändert; für jeden getilgten Summanden fällt der Exponent von* n *um* $1/2$; *für jeden getilgten Summanden* α *tritt der konstante Faktor* $2\pi\sqrt{\lambda}\,\alpha$ *hinzu.*

Die Antwort auf die Frage (b) bereitet gewisse Schwierigkeiten. Tritt der in einer Farbe zu tilgende Summand α in dieser mit der (genauen) Häufigkeitsgrenze $l-1$ auf, so bedeutet die Tilgung, daß man von

$$\sum_n p_n u^n \text{ zu } \frac{1-u^{\alpha}}{1-u^{\alpha l}}\sum_n p_n u^n \quad (\text{vgl. } (12.8))$$

überzugehen hat. Hier ist zunächst

$$(1-u^{\alpha l})^{-1}\sum_n p_n u^n = \sum_n (\mathrm{A}_{\alpha l}\,p_n)\,u^n,$$

wo A_α den Operator mit der Wirkung

$$\mathrm{A}_\alpha p_n = p_n + p_{n-\alpha} + p_{n-2\alpha} + \cdots = \sum_{\substack{m\equiv n \bmod \alpha\\ m\leq n}} p_m$$

bezeichnet; es handelt sich also um das asymptotische Verhalten von

$$\Delta_\alpha \mathrm{A}_{\alpha l}\,p_n \qquad \text{für } n\to\infty,$$

falls genau ein Summand α in genau einer Farbe zu tilgen ist, in der er mit der genauen Häufigkeitsgrenze $l-1$ auftritt. Allgemein gilt, weil alle Operatoren Δ und A miteinander vertauschbar sind:

$$p_n^* = \Big(\prod_{j=1}^{s}\Delta_{\alpha_j}^{\mu_j}\Big)\Big(\prod_{j=1}^{s}\mathrm{A}_{\alpha_j l_j}^{\mu_j}\Big)p_n \quad (\text{Problem (b)}). \tag{12.11}$$

Dabei kann, wenn nur eine asymptotische Darstellung für p_n^* von der Gestalt (12.10) angestrebt wird, p_n nach (12.4) offenbar durch $8\pi^2\lambda\,\omega_0 g_{-1}(n+\eta)$ ersetzt werden.

Wir beginnen mit der Anwendung des Operators A_α und definieren: Ist $\psi(x)$ für $x > 0$ erklärt, α eine feste natürliche, n eine beliebige ganze Zahl mit $n + \eta > 0$, so sei

$$A_\alpha \psi(n+\eta) = \sum_{\substack{m \equiv n \bmod \alpha \\ 0 < m+\eta \leqq n+\eta}} \psi(m+\eta) = \sum_{0 \leqq k\alpha < n+\eta} \psi(n - k\alpha + \eta). \tag{12.12}$$

Für mit x ins Unendliche wachsende $\psi(x)$ kommt es bei der Bestimmung der Größenordnung von $A_\alpha \psi(n+\eta)$ $(n \to \infty)$ nicht darauf an, ob die $\psi(m+\eta)$ in irgendeiner festen Anzahl mitgerechnet werden oder nicht. Wir wollen eine asymptotische Entwicklung von $A_\alpha g_{r-1}(n+\eta)$ $(n \to \infty)$ ableiten und betrachten zu diesem Zwecke die Funktionen

$$\begin{aligned} \varphi_r(\tau) &= \varphi_r(\tau; \lambda, h) = \tau^{-r} e^{2\pi i \frac{\lambda}{\tau}} - \sum_{j=0}^{h-1} \frac{(2\pi i \lambda)^j}{j!} \tau^{-r-j}, \\ \Phi_r(\tau) &= \Phi_r(\tau; \lambda, h, \eta) = \sum_{m=-\infty}^{+\infty} e^{-2\pi i \eta m} \varphi_r(\tau + m), \end{aligned} \tag{12.13}$$

in denen r, λ, η gemäß (12.3) fest vorgegeben sind, h als ganze Zahl $\geqq 0$ mit $r + h > 2$ fest zu wählen ist und τ eine komplexe Variable mit positivem Imaginärteil $\operatorname{Im} \tau = y$ bezeichnet $(0 < \arg(\tau + m) < \pi)$.

Man findet zunächst nach dem Poissonschen Summationsverfahren

$$\begin{aligned} \Phi_r(\tau) &= \sum_{n+\eta > 0} B_{n+\eta} e^{2\pi i (n+\eta)\tau}, \\ B_{n+\eta} &= \frac{8\pi^2 \lambda}{(4\pi i \lambda)^r} g_{r-1}(n+\eta) - (-2\pi i)^r \sum_{j=0}^{h-1} \frac{(4\pi^2 \lambda)^j}{j!\,\Gamma(r+j)} (n+\eta)^{r+j-1} \end{aligned} \tag{12.14}$$

und in ähnlicher Weise

$$A_\alpha B_{n+\eta} = \frac{-1}{2\pi i} \int_{iy_0 - \infty}^{iy_0 + \infty} \varphi_r(\tau) e^{-2\pi i n' \tau} \frac{\pi\, d\tau}{\sin \pi \alpha \tau} \qquad \left(n' = n + \eta + \frac{\alpha}{2},\ y_0 > 0\right) \tag{12.15}$$

sowie hieraus durch Eintragen der Partialbruchreihe des reziproken Sinus

$$A_\alpha B_{n+\eta} = H^{(0)}_{\alpha, n+\eta} + \sum_{m=1}^{\infty} (-1)^m \left(H^{(m)}_{\alpha, n+\eta} + H^{(-m)}_{\alpha, n+\eta}\right) \tag{12.16}$$

mit

$$H^{(m)}_{\alpha, n+\eta} = \frac{-1}{2\pi i \alpha} \int_{iy_0 - \infty}^{iy_0 + \infty} \varphi_r(\tau)\, e^{-2\pi i n' \tau} \frac{d\tau}{\tau - \frac{m}{\alpha}} \qquad (m \text{ ganz}).$$

In den Summanden von (12.16) verbiege man den Integrationsweg zu einer den Schnitt $\tau = -it$ $(t \geqq 0)$ hinreichend eng umlaufenden Schleife; der dabei von der ganzen Summe entstehende Residuenbeitrag $R_{\alpha, n+\eta}$ ist offenbar beschränkt $(\alpha, r, \lambda, \eta, h$ gelten als fest). Wir setzen

$$H^{*(m)}_{\alpha, n+\eta} = \frac{-1}{2\pi i \alpha} \int_{-i\infty}^{(0-)} \varphi_r(\tau)\, e^{-2\pi i n' \tau} \frac{d\tau}{\tau - \frac{m}{\alpha}} \tag{12.17}$$

und erhalten weiter zunächst

$$H^{*(0)}_{\alpha, n+\eta} = \frac{1}{\alpha (4\pi i \lambda)^r} g_r(n') - \frac{(-2\pi i)^r}{\alpha} \sum_{j=0}^{h-1} \frac{(4\pi^2 \lambda)^j}{j!\,\Gamma(r+1+j)} n'^{r+j} \tag{12.18}$$

Um $H^{*(m)}_{\alpha,n+\eta}$ für $m \neq 0$ zu behandeln, geben wir eine natürliche Zahl q vor und reduzieren gemäß

$$H^{*(m)}_{\alpha,n+\eta} = \frac{-1}{2\pi i\alpha}\int_{-i\infty}^{(0-)} \tau^q \varphi_r(\tau)\, e^{-2\pi i n'\tau} \frac{d\tau}{\tau^q\left(\tau-\frac{m}{\alpha}\right)} =$$

$$(12.19) \qquad = -\sum_{\nu=1}^{q} \frac{\alpha^\nu}{m^\nu} \frac{-1}{2\pi i\alpha}\int_{-i\infty}^{(0-)} \tau^{\nu-1} \varphi_r(\tau)\, e^{-2\pi i n'\tau}\, d\tau + K^{(m,q)}_{\alpha,n+\eta},$$

$$K^{(m,q)}_{\alpha,n+\eta} = \frac{\alpha^q}{m^q}\frac{-1}{2\pi i\alpha}\int_{-i\infty}^{(0-)} \tau^q \varphi_r(\tau)\, e^{-2\pi i n'\tau}\frac{d\tau}{\tau-\frac{m}{\alpha}} \quad (m \neq 0);$$

hier stimmt $\frac{-1}{2\pi i\alpha}\int_{-i\infty}^{(0-)} \tau^{\nu-1}\varphi_r(\tau)\, e^{-2\pi i n'\tau}\, d\tau$ mit $H^{*(0)}_{\alpha,n+\eta}$, gebildet für $r-\nu+1$ anstelle von $r+1$ überein, ist also $= \frac{1}{\alpha(4\pi i\lambda)^{r-\nu}}\, g_{r-\nu}(n') + O(n'^{r+h-2})$; dazu werde verabredet, daß diese und die folgenden Konstanten im Symbol O von n und m nicht abhängen.

Es erübrigt also, $\frac{-1}{2\pi i}\int_{-i\infty}^{(0-)} \tau^q\varphi_r(\tau)\, e^{-2\pi i n'\tau}\frac{d\tau}{\tau-\gamma}$ für $\gamma = \frac{m}{\alpha}$ und ganzes $|m| \geqq 1$ als Funktion von n' und m abzuschätzen. Die Beiträge aus dem Subtrahendus von φ_r sind absolut genommen einzeln

$$= \left|\frac{(2\pi i\lambda)^j}{j!}\frac{1}{2\pi i}\int_{-i\infty}^{(0-)} \tau^{q-r-j}\, e^{-2\pi i n'\tau}\frac{d\tau}{\tau-\gamma}\right| = \frac{(2\pi\lambda)^j}{2\pi j!}\, n'^{r+j-q}\left|\int_{-i\infty}^{(0-)} \tau^{q-r-j}\frac{e^{-2\pi i\tau}\, d\tau}{\tau-n'\gamma}\right|$$

also zusammen $= O(|m|^{-1} n'^{r+h-2-q})$. Der Beitrag des Minuendus von φ_r ergibt

$$\frac{-1}{2\pi i}\varrho^{q-r}\int_{-i\infty}^{(0-)} \tau^{q-r}\exp\left(-2\pi i\sqrt{\lambda n'}\left(\tau-\frac{1}{\tau}\right)\right)\frac{d\tau}{\tau-\varrho^{-1}\gamma} \qquad \left(\varrho = \sqrt{\frac{\lambda}{n'}} > 0\right);$$

integriert man hier über den Einheitskreis und zusätzlich auf den Ufern des Schnittes $\tau = -it$ $(t \geqq 1)$, so wird der Exponent im Integranden reell und das Kreisintegral läßt sich durch

$$\text{Const}\; n'^{\frac{1}{2}(r-q-1)}\, |m|^{-1} I_0(4\pi\sqrt{\lambda n'})$$

abschätzen, während das Integral über die Schnittufer stärker als $|m|^{-1} e^{-\pi\sqrt{\lambda n'}}$ gegen Null strebt. Daraus folgt insgesamt (vgl. wieder [8])

$$K^{(m,q)}_{\alpha,n+\eta} = O\left(|m|^{-q-1} n'^{\frac{1}{2}(r-q-1)-\frac{1}{4}} e^{4\pi\sqrt{\lambda n'}}\right).$$

Die gesuchte asymptotische Entwicklung ergibt sich durch Kombination der Gleichungen (12. 14—20); man findet

$$\frac{8\pi^2\lambda}{(4\pi i\lambda)^r}\, A_\alpha\, g_{r-1}(n+\eta) + O\left((n+\eta)^{r+h-1}\right) =$$

$$= \frac{1}{\alpha(4\pi i\lambda)^r}\, g_r(n') + \sum_{\substack{\nu=1\\ \nu\equiv 0 \bmod 2}}^{q} S^*_\nu \frac{(4\pi i\lambda\alpha)^\nu}{\alpha(4\pi i\lambda)^r}\, g_{r-\nu}(n') + O\left(n'^{\frac{1}{2}(r-q-1)-\frac{1}{4}} e^{4\pi\sqrt{\lambda n'}}\right),$$

wo $n' = n + \eta + \frac{\alpha}{2}$ und

$$S^{\bullet}_{2\nu} = 2 \sum_{m=1}^{\infty} \frac{(-1)^{m-1}}{m^{2\nu}} = 2\left(1 - \frac{1}{2^{2\nu-1}}\right) \zeta(2\nu) \qquad (\nu = 1, 2, \cdots).$$

Diese Relation vereinfacht sich, wenn $q = 2Q + 1$ (Q ganz und $\geqq 0$) gesetzt wird, zu

$$\begin{aligned} 8\pi^2 \lambda\, \alpha\, A_\alpha\, g_{r-1}(n+\eta) &= g_r(n') + \\ &+ \sum_{\nu=1}^{Q} (-1)^\nu S^{\bullet}_{2\nu} (4\pi\lambda\alpha)^{2\nu} g_{r-2\nu}(n') + O\left(n'^{\frac{r}{2}-Q-\frac{5}{4}} e^{4\pi\sqrt{\lambda n'}}\right). \end{aligned} \tag{12.21}$$

Auf der rechten Seite in (12.21) erscheint eine asymptotische Entwicklung in der üblichen Bedeutung dieses Begriffs; die Koeffizienten hängen nicht von n und r, sondern (bei festem λ) nur von ν und α ab. Wir schreiben (12.21) in einer Gestalt, die die wiederholte Anwendung von Additions-Operatoren A leichter übersehen läßt:

$$\begin{aligned} A_\alpha\, g_r(n+\eta) &= \sum_{\nu=0}^{Q} c_\nu(\alpha)\, g_{r+1-2\nu}\left(n + \eta + \frac{\alpha}{2}\right) + O\left(n^{\frac{r}{2}-Q-\frac{3}{4}} e^{4\pi\sqrt{\lambda n}}\right), \\ c_0(\alpha) &= (8\pi^2\lambda\alpha)^{-1},\ c_\nu(\alpha) = \frac{(-1)^\nu}{2\pi} S^{\bullet}_{2\nu} (4\pi\lambda\alpha)^{2\nu-1} \ (\nu = 1, 2, \cdots). \end{aligned} \tag{12.22}$$

Da das Restglied nach (12.7) auch durch $O(g_{r-1-2Q}(n))$ dargestellt werden kann, ist bei gegebenem natürlichem α

$$A_\alpha O\left(n^{\frac{r}{2}-Q-\frac{3}{4}} e^{4\pi\sqrt{\lambda n}}\right) = O\left(n^{\frac{r}{2}-Q-\frac{1}{4}} e^{4\pi\sqrt{\lambda n}}\right).$$

Man findet deshalb nach (12.22), wenn jetzt irgend welche natürlichen Zahlen α_j ($1 \leqq j \leqq t$) vorgegeben sind, durch vollständige Induktion

$$\left(\prod_{j=1}^{t} A_{\alpha_j}\right) g_r(n+\eta) = \sum_{\nu_1, \nu_2, \cdots, \nu_t = 0}^{Q} \left(\prod_{j=1}^{t} c_{\nu_j}(\alpha_j)\right) g_{r+t-2\bar\nu}\left(n + \eta + \frac{1}{2}\sigma\right) + O\left(n^{\frac{r+t}{2}-Q-\frac{5}{4}} e^{4\pi\sqrt{\lambda n}}\right)$$

(hier steht $\bar\nu$ für $\sum_{j=1}^{t} \nu_j$ und σ für $\sum_{j=1}^{t} \alpha_j$); oder einfacher geschrieben:

$$\begin{aligned} \prod_{j=1}^{t} \left(A_{\alpha_j}\right) g_r(n+\eta) &= \left(\prod_{j=1}^{t} (8\pi^2\lambda\alpha_j)^{-1}\right) g_{r+t}\left(n + \eta + \frac{1}{2}\sigma\right) + \\ &+ \sum_{\nu=1}^{Q} \tilde c_\nu([\alpha])\, g_{r+t-2\nu}\left(n + \eta + \frac{1}{2}\sigma\right) + O\left(n^{\frac{r+t}{2}-Q-\frac{5}{4}} e^{4\pi\sqrt{\lambda n}}\right), \end{aligned} \tag{12.23}$$

wo die $\tilde c_\nu([\alpha])$ ($\nu = 1, 2, \cdots$) gewisse elementare, von r und n unabhängige reelle Koeffizienten bezeichnen.

Wir wenden diese Relation auf die Anzahlfunktion p_n an, indem wir die Darstellung (12.4) benutzen; es ergibt sich in den Bezeichnungen von Satz 20 das folgende genaue Gegenstück dieses Satzes:

Satz 21. *Die Ausübung des iterierten Additions-Operators* (12.12) A_α *auf* p_n *ergibt eine arithmetische Funktion*

$$\tilde p_n = \left(\prod_{j=1}^{s} A_{\alpha_j}^{\mu_j}\right) p_n$$

mit der asymptotischen Darstellung

$$\tilde p_n = \frac{1}{\sqrt{2}} \lambda^{\frac{1}{4}} \omega_0 \left(\prod_{j=1}^{s} (2\pi\sqrt{\lambda}\,\alpha_j)^{-\mu_j}\right) n^{\frac{s'}{2}-\frac{3}{4}} e^{4\pi\sqrt{\lambda n}} \left(1 + O\left(n^{-\frac{1}{2}}\right)\right). \tag{12.24}$$

Speziell gilt für die summatorische Funktion

$$\mathrm{A}_a p_n = p_n + p_{n-a} + p_{n-2a} + \cdots = \sum_{\substack{m \equiv n \bmod a \\ m \leq n}} p_m$$

die asymptotische Darstellung

$$\mathrm{A}_a p_n = \frac{1}{2\pi\sqrt{2}} \alpha^{-1} \lambda^{-\frac{1}{4}} \omega_0 n^{-\frac{1}{4}} e^{4\pi\sqrt{\lambda n}} \left(1 + O\left(n^{-\frac{1}{2}}\right)\right).$$

Wir gelangen schließlich zu der asymptotischen Entwicklung der durch (b) oder (12.11) definierten Partitionenanzahl p_n^*. Man hat in den Bezeichnungen von (12.9) und Satz 20:

$$\left(\prod_{j=1}^{s} \mathrm{A}_{\alpha_j l_j}^{\mu_j}\right) g_r(n+\eta) = \left(\prod_{j=1}^{s} (8\pi^2 \lambda \alpha_j l_j)^{-\mu_j}\right) g_{r+s'}\left(n + \eta + \frac{1}{2}\sigma'\right) +$$

$$+ \sum_{\nu=1}^{Q} \tilde{c}_\nu([\alpha l], [\mu])\, g_{r+s'-2\nu}\left(n+\eta+\frac{1}{2}\sigma'\right) + O\left(n^{\frac{r+s'}{2}-Q-\frac{5}{4}} e^{4\pi\sqrt{\lambda n}}\right),$$

wo $\sigma' = \sum_{j=1}^{s} \mu_j \alpha_j l_j$ und die $\tilde{c}_\nu$, wie später die $\hat{c}_\nu$, elementare, von r, n unabhängige reelle Koeffizienten sind. Daraus folgt nach dem Beweise von Satz 20

$$\left(\prod_{j=1}^{s} \Delta_{\alpha_j}^{\mu_j}\right)\left(\prod_{j=1}^{s} \mathrm{A}_{\alpha_j l_j}^{\mu_j}\right) g_r(n+\eta) = \left(\prod_{j=1}^{s} l_j^{-\mu_j}\right) g_r(\xi) +$$

$$+ \sum_{\nu=1}^{Q} \hat{c}_\nu([\alpha l], [\mu])\, g_{r-2\nu}(\xi) + O\left(n^{\frac{r+s'}{2}-Q-\frac{5}{4}} e^{4\pi\sqrt{\lambda n}}\right);$$

$$\hat{c}_\nu([\alpha l], [\mu]) = \left(\prod_{j=1}^{s} (8\pi^2\lambda\alpha_j)^{-\mu_j}\right) \tilde{c}_\nu([\alpha l], [\mu]);$$

hier bezeichnet ξ eine von ν unabhängige reelle Zahl mit

$$n + \eta + \frac{1}{2}\sigma' - \sum_{j=1}^{s} \mu_j \alpha_j < \xi < n + \eta + \frac{1}{2}\sigma'.$$

Für hinreichend großes Q ergibt sich also

$$\left(\prod_{j=1}^{s} \Delta_{\alpha_j}^{\mu_j}\right)\left(\prod_{j=1}^{s} \mathrm{A}_{\alpha_j l_j}^{\mu_j}\right) g_r(n+\eta) = \left(\prod_{j=1}^{s} l_j^{-\mu_j}\right) g_r(n+\eta)\left(1 + O\left(n^{-\frac{1}{2}}\right)\right) \tag{12.25}$$

und demgemäß

Satz 22. *Im Falle des Problems (b) gilt für $n \to \infty$*

$$p_n^* = 8\pi^2\lambda\omega_0 \left(\prod_{j=1}^{s} l_j^{-\mu_j}\right) g_{-1}(n+\eta)\left(1 + O\left(n^{-\frac{1}{2}}\right)\right)$$

$$= \frac{1}{\sqrt{2}} \lambda^{\frac{1}{4}} \omega_0 \left(\prod_{j=1}^{s} l_j^{-\mu_j}\right) n^{-\frac{3}{4}} e^{4\pi\sqrt{\lambda n}} \left(1 + O\left(n^{-\frac{1}{2}}\right)\right);$$

p_n und p_n^* sind also asymptotisch proportional mit dem von den α_j unabhängigen Proportionalitätsfaktor $\prod_{j=1}^{s} l_j^{-\mu_j}$:

$$\frac{p_n^*}{p_n} = \left(\prod_{j=1}^{s} l_j^{-\mu_j}\right)\left(1 + O\left(n^{-\frac{1}{2}}\right)\right).$$

Sind z. B. in dem ursprünglichen Partitionenproblem (Anzahl p_n) in einer Farbe nur verschiedene Summanden zugelassen, so gilt folglich: Asymptotisch 50% aller dieser Partitionen enthalten in dieser Farbe einen gegebenen Summanden α, asymptotisch 25% zwei gegebene Summanden α, α' usw.

Das in 12. einleitend nochmals zitierte Phänomen — als (I), (II) formuliert — kann auf Grund der Ergebnisse von Satz 22 folgendermaßen analogisiert werden: Man gehe wie oben von einem Partitionenproblem der allgemeinen in Satz 14 beschriebenen Art aus und vollziehe nun den Übergang

gemäß (a) erstens von p_n zu p_n^* mit den gegebenen α_j, μ_j $(1 \leqq j \leqq s)$, zweitens (analog) von p_n zu r_n^* mit den gegebenen γ_j, μ_j $(1 \leqq j \leqq s)$;

gemäß (b) erstens von p_n zu $\tilde{p}_n$ (neue Bezeichnung für p_n^* im Falle (b)) mit den gegebenen α_j, μ_j, l_j $(1 \leqq j \leqq s)$, zweitens analog von p_n zur $\tilde{r}_n$ mit den gegebenen γ_j, μ_j, l_j $(1 \leqq j \leqq s)$.

Dann gilt nach Satz 20

$$\frac{r_n^*}{p_n^*} = \left(\prod_{j=1}^{s} \left(\frac{\gamma_j}{\alpha_j}\right)^{\mu_j}\right)\left(1 + O\left(n^{-\frac{1}{2}}\right)\right), \tag{12.26}$$

dagegen nach Satz 22

$$\frac{\tilde{r}_n}{\tilde{p}_n} = 1 + O\left(n^{-\frac{1}{2}}\right). \tag{12.27}$$

Hiermit sind zwei exakte Relationen gewonnen, die eine gewisse Verwandtschaft mit den Aussagen (I), (II), wenigstens soweit der Unterschied zwischen den dort auftretenden Grenzwerten in Betracht kommt, erkennen lassen.

Kolibri 360 GmbH
Ferdinand-Jühlke-Straße 7
99095 Erfurt, Deutschland
produktsicherheit@kolibri360.de

FSC
www.fsc.org
MIX
Papier | Fördert
gute Waldnutzung
FSC® C083411

Kolibri 360 GmbH
Ferdinand-Jühlke-Straße 7
99095 Erfurt, Deutschland
produktsicherheit@kolibri360.de